A vacina no banco dos réus

Mitos e verdades sobre as vacinas

Sumário

Capítulo I – O início

1. Varíola – um assassino em massa que matou por séculos............6
2. Usando o inimigo contra ele mesmo...................11
3. A primeira vacina – o que as vacas têm a ver com isso?......13
4. Vacinação em massa – a varíola acuada.............19
5. O que possibilitou a erradicação da varíola?...........24
6. O medo de uma arma biológica...............25
7. A varíola pode voltar?...............26

Capítulo II – Grandes avanços

1. Inimigos desconhecidos...............29
2. Descobrindo a causa das doenças...............31
3. Vírus ou bactéria?...............33
4. A teoria microbiana das doenças...............35
5. Rivalidade, bicho-da-seda e cólera...............39
6. Desenvolvimento da vacina para o antraz...............41
7. A vacina contra a raiva...............44
8. Cultivando vírus...............47
9. Vacina para poliomielite...............48
10. A vacina para tuberculose...............52
11. Vacina para febre amarela...............54
12. O rei das vacinas...............56

Capítulo III – Imunidade e vacina

1. Quais os tipos de vacinas que existem?...............58
2. Como uma vacina é produzida?...............65
3. Imunidade e vacina...............67
4. Eu posso ficar protegido sem estar imune?...............73
5. Patógenos e hospedeiros: uma corrida armamentista.........75
6. Por que preciso tomar vacina para gripe todo ano?............80
7. Patógenos e suas maneiras de se safarem do sistema imune...............83

Capítulo IV – Complicações das vacinas: separando mitos da realidade

1. Monitorando os efeitos colaterais.. 94
2. Vacinações e suas complicações.. 96
3. Mortes.. 102
4. Proteção que depende da ocasião....................................... 106
5. A vacina causa autismo?.. 111
6. Tomando uma atitude racional sobre a vacinação............... 115
7. Uma reflexão.. 117

Capítulo V – O futuro das vacinas

1. O que esperar do futuro?... 121
2. Vacinas baseadas em avaliação reversa e estrutural.......... 123
3. Vacinas sintéticas.. 129
4. Vacinas terapêuticas... 130
5. Comi, logo estou vacinado?.. 134
6. Um futuro cheio de possibilidades...................................... 136

Referências... 138

Este livro é dedicado aos meus pais, Luiz Carlos e Marli

Agradeço ao professor Jerson Lima da Silva e a Patrícia Souza dos Santos, que me deram oportunidade na ciência, e veio tornar esse livro possível. Agradeço ao Professor José Nelson por revisar este livro.

CAPÍTULO I
O início

1. Varíola – um assassino em massa que matou por séculos

A história do desenvolvimento das vacinas confunde-se com a história da varíola. A varíola foi uma doença devastadora, desfigurante e de alta letalidade, que assolou a humanidade por milênios. A doença apresentava duas formas: a varíola menor (varíola *minor*) e a varíola maior (varíola *major*). Ambas eram causadas por duas variantes do vírus da varíola, que diferiam dramaticamente na gravidade da doença. A varíola menor foi mais rara e mais branda, com letalidade de aproximadamente 1%, enquanto a varíola maior (geralmente designada somente como varíola) foi mais frequente e de maior letalidade, matando em média de 20% a 30% das pessoas infectadas. Mesmo os indivíduos que sobreviviam à infecção, sofriam uma doença febril agoniante, com intensas erupções cutâneas que se espalhavam pelo corpo, e frequentemente causavam cicatrizes que permaneciam por toda a vida. O nome varíola deriva do latim *varus*, que significa marcas na pele. Para termos de definição neste livro, a varíola maior será tratada simplesmente como varíola.[1-3] O vírus da varíola sofre poucas **mutações**, fazendo com que um indivíduo que já foi infectado, dificilmente sofra outra infecção (como acontece na gripe, onde vírus com variações conseguem infectar uma pessoa que já foi infectada).

Mutação – são as alterações em estruturas do DNA chamadas nucleotídeos. A sequência de nucleotídeos determina a informação que será gerada sob a forma de proteínas. Portanto, as mutações podem gerar alterações nas proteínas dos agentes infecciosos. Um agente infecioso que sofreu mutação pode escapar do sistema imune de um indivíduo vacinado ou que tenha sido infectado pelo agente não mutado. No capítulo 5 há uma descrição mais detalhada!

Desta maneira, o vírus da varíola só conseguiu se estabelecer em populações grandes em que era constante a entrada de indivíduos suscetíveis (através de nascimento e/ou migrações). Populações humanas com estas características começaram a surgir a cerca de 10 mil anos atrás com a revolução agrícola. Estudos indicam que o vírus da varíola originou-se de um vírus ancestral que infectava roedores na África. Embora não seja uma certeza, acredita-se que o vírus da varíola derivou-se do seu ancestral de roedores por volta de 15 mil anos atrás (estimativas variam até cerca de 70 mil anos atrás). A variante causadora da varíola menor originou-se provavelmente deste vírus (varíola maior). O vírus então saiu da África, espalhando-se para a Ásia e, a partir daí então, pelo planeta.[1,4,5]

A presença de marcas cutâneas típicas da varíola em múmias egípcias de 1100 a 1580 a.C., indicam que o Egito foi um dos primeiros, se não o primeiro local em que a varíola se estabeleceu. A múmia do Faraó Ramsés V que morreu em 1157 a.C., apresenta estes sinais, sugerindo que ele possa ter sucumbido da doença. Documentos históricos relatam quadros clínicos que poderiam ser de varíola na China, em 1122 a.C., e na Índia, em 1500 a.C. O primeiro relato inconfundível de varíola é do século IV d.C. na China. Também supõe-se que a varíola entrou na Grécia durante a guerra do Peloponeso em 430 a.C., onde foi denominada de peste de Atenas, e em Roma em 170 a.C. No entanto, descrições inequívocas de varíola na Europa datam do século VI d.C. A varíola atingiu as Américas do Norte, do Sul e Central nos séculos XVI e XVII com as colonizações europeias, e teve efeito devastador sobre as populações nativas.[1]

A infecção pelo vírus da varíola ocorre pela via respiratória, e as secreções nasais e da boca são as principais fontes de infecção, bem como os materiais provenientes de lesões cutâneas na fase mais tardia da doença. Pessoas em contato próximo com o doente podem se contaminar através da inalação dos vírus contidos em gotículas dispersas no ambiente, ou por entrarem em contato com superfícies contaminadas. O **período de incubação** da varíola na grande maioria dos casos dura entre 10 a 14 dias. Durante esta fase, o vírus é multiplicado intensamente e espalha-se pelo corpo do **hospedeiro**. O surgimento dos sintomas ocorre de forma abrupta, com mal-estar, febre alta e dor de cabeça intensa. Sintomas como convulsões, delírios e vômitos ocorrem menos frequentemente. Após o 2º ou 3º dias após o início dos sintomas, a febre diminui e o paciente sente-se melhor, e aparecem as primeiras erupções cutâneas. Estas erupções são mais intensas na face e nas mãos, e neste período também aparecem lesões na garganta, que ao se romperem, liberam grande quantidade de vírus na saliva. Em torno do 7º ou 8º dias a febre volta, e permanece até a formação das crostas nos ferimentos cutâneos. Nos casos fatais, os indivíduos geralmente sucumbem entre o 10º e o 16º dias após o aparecimento dos primeiros sintomas.[1]

Período de incubação - intervalo de tempo compreendido entre a infecção (entrada do agente infeccioso no organismo) e o início dos sintomas da doença.

Hospedeiro - no caso das doenças, o hospedeiro é o indivíduo que está infectado por algum agente patológico (bactéria, vírus, fungos, vermes). Por exemplo, na AIDS o indivíduo é o hospedeiro, e o parasita é o vírus HIV.

Além do sofrimento causado pela infecção disseminada do vírus, complicações como a infecção bacteriana das lesões cutâneas, artrite, edema pulmonar, pneumonia, encefalite e a dilatação estomacal aguda (que ocorria geralmente em crianças e que frequentemente precedia a morte) podiam aumentar o calvário do doente. Em alguns casos, a doença podia evoluir para a forma hemorrágica, na qual o paciente apresentava hemorragias difusas, como na pele, gengivas, nariz e vagina. Nos pacientes que se recuperavam da doença, as sequelas mais frequentes eram cegueira, deformidades nos membros e as cicatrizes pustulares.

Nas últimas décadas do século XVIII, a varíola matou 400 mil pessoas por ano na Europa. Isso equivale a mais de mil pessoas por dia, ou a 45 mortes por hora, ou ainda, uma morte a cada um minuto e meio (em uma população que era muito menor que a atual). A varíola foi tão destrutiva neste continente, que durante as duas últimas décadas do século XVIII, foi responsável por uma a cada 10 mortes em Londres, e por uma em cada 5 mortes em Glasgow, vitimizando principalmente crianças. Também ceifou a vida de diversas personalidades históricas, com a rainha Maria II da Inglaterra, o Imperador José I da Áustria, o rei Luiz I da Espanha, o rei Luís XV da França, a rainha Ulrica Leonor da Suécia e o Imperador Pedro II da Rússia. Ao matar monarcas e imperadores, e afetar a linha de sucessão das monarquias e impérios, a varíola influenciou a história do continente europeu e do mundo.[1]

A colonização europeia no continente americano abriu as portas para uma população nunca exposta à varíola. Os colonizadores trouxeram entre outras coisas, a nova e mortal doença, que dizimou populações. A varíola atingiu a América Latina em 1507 através dos exploradores espanhóis na Hispaniola (que hoje compreende o Haiti e a República Dominicana). A população na Hispaniola antes da chegada dos espanhóis era estimada entre 300 mil à 1 milhão de pessoas (1492) e em 1541 tinha sido reduzida à 1000. A conquista dos Incas foi marcada pela morte de 200 mil pessoas por varíola, incluindo o imperador Inca Huayna Capac (e a maior parte da sua família), o que levou a eclosão de uma guerra civil pela sucessão. Essa guerra enfraqueceu o império Inca e facilitou a conquista espanhola por Pizarro. No México, no século XVI, alega-se que pelo menos 2 milhões de nativos morreram da doença, contribuindo para o declínio do Império Asteca. Apesar da falta de exatidão dos números, milhões de índios nativos da América do Sul morreram de varíola. Em 1577, por exemplo, 1/3 da população da Venezuela morreu de varíola. Em Bogotá, 10 anos mais tarde, 90% dos índios morreram em decorrência da doença. Outros milhões de pessoas morreram em diversas epidemias de varíola neste continente.[1-3,6]

Os danos causados pela varíola foram tão devastadores sobre a população da América Latina, que acredita-se que este fato foi importante na conversão das populações nativas ao cristianismo. Como os nativos morriam em uma proporção muito maior que os europeus, logo estabeleceu-se uma crença de que estes estavam protegidos por um Deus. Uma pergunta interessante que surge é: porque os povos nativos das Américas eram tão suscetíveis à varíola? Alguns fatores ajudam a explicar. Os ancestrais dessa população chegaram ao continente americano antes que a varíola se tornasse uma doença devastadora na Eurásia, portanto, eles não a trouxeram com eles. Os povos nativos das Américas diferentemente dos europeus, tinham pouquíssimos animais domésticos (que sabidamente transmitem doenças aos humanos), portanto, tiveram pouco contato com doenças transmitidas por animais que poderiam ter selecionado indivíduos mais resistentes a diferentes tipos de infecções. Alguns estudos realizados em tribos isoladas da Amazônia indicam que essas populações possuem um repertório mais limitado de linfócitos T, o que os torna mais suscetíveis às infecções virais.[7] Esses dados corroboram o fato de que no período das colonizações espanholas, os filhos de espanhóis com índios americanos eram mais resistentes à varíola que os nativos.

Devido aos efeitos devastadores da varíola, muitos mitos e crenças surgiram ao seu redor. Tanto europeus quanto os povos nativos das Américas acreditavam que espíritos malignos e bruxas podiam instigar a varíola na população, principalmente em decorrência de seus pecados. Os índios das Américas, por exemplo, utilizavam os "alojamentos de suor", cujo objetivo era limpar o corpo e a alma. No Japão, acreditava-se que o demônio da varíola retornou à Terra em busca de vingança. Esses demônios supostamente tinham medo da cor vermelha, e bonecas com roupas vermelhas eram colocadas perto dos doentes. Também era usada a imagem de Tametomo (um herói do século XII) na cor vermelha. Livros japoneses de dermatologia também descreviam que o uso de luz vermelha aliviava os sintomas da varíola. Na ilha de Okinawa, uma canção foi composta com o objetivo de apaziguar o demônio da varíola. Na Europa, a crença da proteção da cor vermelha fez com que a rainha da Inglaterra Elizabeth I, e o rei da França Carlos V usassem roupas dessa cor durante o período que tiveram varíola.[1-3,6]

Após a recuperação da doença, os indivíduos que foram infectados tornavam-se imunes a uma nova infecção, e essa imunidade frequentemente durava a vida inteira. Era sabido que pessoas que tinham as cicatrizes de pústulas, muito raramente apresentavam varíola novamente, o que indicava que por algum motivo elas se tornavam protegidas por um mecanismo ainda desconhecido. Este mecanismo incompreendido seria a base de uma revolução que pouparia um número incalculável de vidas, e mudaria a história da humanidade.

2. Usando o inimigo contra ele mesmo

Apesar do grande número de mortes causadas pela varíola, muitas pessoas infectadas sobreviviam à doença. É conhecido desde tempos remotos que pessoas que carregavam as terríveis marcas deixadas pela varíola, também traziam consigo um alento: a quase certeza de que jamais sofreriam com esta doença novamente. Há muito tempo, sabia-se que pessoas que eram infectadas pelo vírus da varíola através de um arranhão na pele (e não pela via respiratória) apresentavam uma forma muito menos severa da doença. Observadores estabeleceram essa conexão, e começaram a utilizar os fluídos das pústulas ou as cascas dos ferimentos dos doentes em pessoas que nunca tinham tido varíola. A administração desse material através de arranhões na pele usualmente produzia uma doença similar à varíola, mas de uma forma muito mais branda. Esse procedimento era chamado de inoculação, ou como ficou mais comumente conhecido, de variolização.[1-3]

A variolização surgiu de forma independente na China e na Índia. Os chineses utilizavam um pó feito das cascas dos ferimentos e a aspiravam, enquanto os indianos utilizavam os fluídos das pústulas para inoculação cutânea. Na China, este procedimento aparentemente teve início no ano 1000 d.C., mas tornou-se popular somente em 1500, e foi empregado em algumas partes do país até o século XX. Apesar da carência de dados históricos, acredita-se que a variolização foi praticada por muitos séculos na Índia, e mesmo após sua proibição em 1870, continuou sendo utilizada. A variolização foi introduzida no Egito no século XIII, e foi reconhecida em outras regiões do norte e oeste da África no século XVII. A variolização quanto praticada por arranhões na pele produzia uma lesão local, geralmente acompanhada por diversas pústulas ao seu redor, e erupções cutâneas generalizadas, que por vezes eram muito extensas. Em alguns casos, a prática de variolização era fatal. A inalação também produzia esses sintomas, e geralmente mais graves do que a inoculação cutânea. O Afeganistão e o Paquistão foram os últimos países a permanecerem utilizando a técnica da variolização, ainda na década de 1970.[1-3,6]

Na Europa, a Inglaterra foi um dos países que mais extensivamente fizeram uso da variolização. A técnica foi introduzida em 1721 por Lady Mary Wortley Montagu, que em 1715 sofreu de varíola e recuperou-se, mas ficou para sempre com as cicatrizes da doença. Ao viajar para Constantinopla em 1718, Lady Mary submeteu seu filho menor, Edward, ao procedimento. Ao retornar à Europa, sua filha foi a primeira pessoa a sofrer variolização na Inglaterra, em 1721. A introdução da variolização na Inglaterra encontrou certa resistência, visto alguns casos de morte utilizando a técnica, e a possibilidade de espalhar a doença para outros indivíduos. Testes iniciais de variolização foram praticados em prisioneiros da prisão de Newgate seguido de testes em crianças órfãs.[1-3,6]

A variolização aportou em terras brasileiras em 1728, trazida por missionários católicos portugueses, no entanto, foi pouco utilizada. O cenário nas colônias britânicas na América do Norte foi diferente, visto que com a epidemia em Boston em 1721, a variolização foi vista como uma forma de controlar a doença. Houve uma mortalidade de 2,5% entre as pessoas que foram submetidas ao procedimento, enquanto que nos casos de varíola adquirida naturalmente, a mortalidade foi de 14,1%.[1] Apesar da variolização proteger contra a varíola, ela estava associada a muitos efeitos colaterais, e a uma mortalidade que embora fosse muito menor do que a da varíola, não era desprezível. O próximo passo na luta contra a varíola mudaria esta perspectiva, com uma forma de proteger as pessoas contra a doença e com riscos muito menores. Trata-se da descoberta da vacina!

3. A primeira vacina – o que as vacas têm a ver com isso?

Na segunda metade do século XVIII, a varíola apresentava-se em sua forma mais destrutiva até então. Centenas de milhares de pessoas estavam morrendo anualmente, e a variolização era a forma disponível para se controlar a enfermidade. No entanto, a técnica de variolização não era segura, e muitas pessoas tinham sérias reações ao procedimento, e uma pequena fração delas morria. Além disso, o indivíduo submetido ao procedimento tornava-se um potencial transmissor da doença.

As populações do campo começaram a observar que as mulheres que faziam a ordenha das vacas raramente tinham varíola, e acreditavam que esta proteção vinha de uma doença que elas contraíam das vacas. Elas também não eram suscetíveis a variolização, não apresentando as pústulas e lesões comuns de se observar após o procedimento. A doença que acometia as vacas causava lesões nos úberes (tetas), e as ordenhadeiras ao manipularem esses animais contraíam uma doença que causava lesões cutâneas nas mãos e nos antebraços. Esta doença que acometia as vacas é a varíola bovina, que quando acomete humanos causa uma doença não fatal que se limita apenas em lesões locais. Assim, a infecção pelo vírus da varíola bovina protegia as ordenhadeiras contra a infecção com o vírus da varíola humana.[1-3,6] Embora naquela época desconhecia-se a existência dos vírus, a percepção popular foi incrivelmente certa. Este mecanismo de proteção é conhecido como **proteção cruzada**.

Cross-protection – It is the process by which when being infected by an infectionus agent we become imune to another (usually very similar). For exemple, when we are infected with an influenza virus we may develop some immunity against another influenza virus. The vaccine that was used for smallpox was not based on smallpox virus, but on vaccinia virus, which by its similarity conferred protection.

Com a percepção de que a doença das vacas protegia contra a varíola, os indivíduos de maior conhecimento na época usaram a secreção das pústulas dos úberes das vacas doentes para inocularem em seus filhos. Portanto, merecem ser creditados por seus esforços no estabelecimento do primeiro modelo de vacina. Entre eles estão: Fewster (1765), Bose (1769), Jesty (1774), Nash (1781) e Platt e Jensen (1791). No entanto, o indivíduo que melhor demonstrou o processo de proteção foi Edward Jenner (1749-1823), após realizar a inoculação com vírus da varíola bovina seguida pela infecção com o vírus da varíola humana. Além disso, Jenner passou o resto de sua vida promovendo a causa da vacina.[1-3,6,10]

O experimento pioneiro de Edward Jenner foi fundamental para demonstrar que a inoculação do material oriundo das pústulas era capaz de proteger quem fosse posteriormente inoculado com o vírus da varíola. Foi realizado em 14 de maio de 1796, quando um garoto chamado James Phipps foi inoculado com material proveniente da pústula da mão de Sarah Nelmes, uma ordenhadeira infectada com o vírus da varíola bovina oriundo de uma vaca doente chamada Blossom.[1,9] Seis semanas depois, Jenner inoculou James com material oriundo de um caso de varíola humana, e o garoto permaneceu bem. Jenner repetiu a inoculação com o vírus da varíola bovina em outras crianças, e novamente as expôs ao vírus da varíola humana, e todas as crianças mostraram-se resistentes à infecção. Em 1798, Jenner publicou seu famoso livro "An inquiry into the causes and effects of Variolae Vaccinae". Neste mesmo período, Jenner escreveu uma carta com tom profético ao seu amigo Edward Gardner, na qual dizia ter esperança na propagação do material proveniente das pústulas em humanos, para a total extinção da varíola. Apesar de Jenner ter recebido muitos créditos (com merecimento), quem primeiro demonstrou que a inoculação com o vírus da varíola bovina protegia contra a varíola (portanto, vacinação) foi Benjamim Jesty, 22 dois anos antes de Jenner. Jesty vacinou e em seguida expôs seus filhos ao vírus da varíola, demonstrando que estes ficavam protegidos. A grande virtude de Jenner foi ampliar o experimento, aumentando sua escala e divulgando de forma mais científica os mesmos. Portanto, ambos merecem ser creditados.[1,8,10]

O nome vacina tem origem no termo latino para vaca, chamado de *vacca*. Assim, Jenner chamou o material da varíola bovina de vírus *vaccine*, derivado de vaca. A palavra vacinação foi adotada em 1803.

A vacinação espalhou-se, e foi adotada muito mais rapidamente que a variolização, suplantando-a aonde chegasse. Na França e na Suécia, a vacinação foi muito bem aceita, e provavelmente afetou a expectativa de vida nesses países (Tabela 1). Também foi bem aceita em outros países da Europa e nos Estados Unidos, embora alguns problemas oriundos do seu uso tenham ocorrido, como a contaminação por bactérias ou pelo próprio vírus da varíola. Algumas pessoas também apresentavam objeção ao uso devido a questões religiosas ou filosóficas.

	Expectativa de vida ao nascimento (em anos)			
	França		Suécia	
	1795	1817-1831	1791-1815	1816-1840
Homem	23	38	35	40
Mulher	27	41	38	44

Tabela 1. Expectativa de vida na França e Suécia, antes e após a vacinação[1]. *Tabela adaptada.

No experimento pioneiro de vacinação, o material obtido foi de origem humana. Posteriormente, Jenner demonstrou que ao retirar-se o material de pústulas e vacinar uma criança, estas apresentavam uma pústula no local da vacina, que seria uma fonte para vacinar outras crianças, e assim sucessivamente. A ideia de se utilizar estas inoculações em crianças de braço para braço, era ter sempre uma fonte para se utilizar como vacina. Além disso, a varíola bovina ocorria de forma esporádica, sendo impossível predizer se em um dado momento existiriam vacas doentes disponíveis para se obter material. Na expedição de Balmis, 22 crianças órfãs foram embarcadas em um navio para fornecer um grupo de indivíduos suscetíveis à vacinação! O objetivo era levar a vacina para territórios da América e da Ásia.[1] O método de transferência de braço para braço era muito trabalhoso, mas geralmente as alternativas para manter as amostras na época causavam diminuição da eficácia da vacina. Este modelo de transferência permaneceu na Inglaterra até 1898, quando foi proibido, por preocupações com o procedimento e pela possibilidade de ocorrer **atenuação** do vírus.

Atenuação – processo pelo qual se reduz a patogenicidade (capacidade de gerar doença) de um agente infeccioso. Pode ser obtido por diversos métodos que serão descritos ao longo do livro.

Durante aquela época, também foi utilizado o vírus da varíola equina, que também causava pústulas similares ao da infecção pela varíola bovina em humanos. Também se transferiu vírus da varíola equina para infectar vacas e em seguida foi utilizada secreções das pústulas das vacas para vacinar humanos. No entanto, o vírus da varíola equina foi utilizado em uma proporção muito menor.

Apesar da vacinação ter sido amplamente aceita, ela também encontrou resistências. Em 1814, durante uma epidemia de varíola em Roma, o papa endossou o uso das vacinas, porém alguns membros da igreja rejeitaram a ideia, alegando que o uso das vacinas interferia com a vontade divina. Também havia objeções ao uso de materiais de origem animal em humanos, e alguns pôsteres da época mostravam humanos com chifres ou caudas após serem vacinados. Em meados do século XIX, esforços foram realizados para tornar a vacinação compulsória, encontrando resistência dos que alegavam (com razão) de que isto interferia na livre escolha do indivíduo. A vacinação tornou-se compulsória na Baviera (1807), Dinamarca (1810), Noruega (1811), Bohemia (1812), Rússia (1812), Suécia (1816), Grã-Bretanha (1853) e França (1902).[1]

Em 1904, no Rio de Janeiro ocorreu uma revolta em virtude de o governo federal ter aprovado a vacinação compulsória, apoiada pelo médico-sanitarista Oswaldo Cruz. A população que já vinha descontente com os projetos de urbanização, revoltou-se. Agentes do governo estavam autorizados a entrarem nas casas das pessoas e as vacinarem, ainda que fosse contra a vontade delas. A população se opôs a esta ação, depredando lojas e transporte público. Foram 6 dias de conflitos que levou a morte de cerca de 30 pessoas, prisões e deportações para o Acre. Ao final desse período, o governo recuou, e a vacinação deixou de ser obrigatória.

Embora o uso das vacinas estivesse causando a diminuição nos casos de varíola, Jenner não conhecia naquela época os mecanismos imunológicos que conferiam resistência à infecção nas pessoas vacinadas. Ao invés disso, acreditava que a vacinação alterava permanentemente a constituição do indivíduo, tornando-o resistente para sempre. Levou esta crença consigo até sua morte em 1823, alegando que os casos de varíola que ocorriam em um longo tempo após a vacinação, se deviam ao fato do procedimento de vacinação não ter ocorrido corretamente. Jenner estava errado, e esta sua percepção contribuiu pra que a Inglaterra indicasse somente uma dose de vacina para as crianças, na crença de que estariam protegidas pela vida toda. Na Europa continental, e particularmente na Alemanha, a necessidade de revacinação foi observada mais precocemente, com uma acentuada melhora na resposta.[1]

Pelos anos de 1900, a vacinação estava amplamente distribuída pelos países industrializados, e na primeira metade do século XX a varíola foi erradicada de muitos países europeus. Durante o século XIX, por um motivo desconhecido, o vírus utilizado na vacina mudou na maior parte do mundo, deixando de ser o vírus da varíola bovina para ser o vírus vaccínia. Devido as várias inoculações usando diversos tipos de animais, até hoje não se sabe como e quando surgiu o vírus vaccínia, visto que ele não possui hospedeiros naturais, mas é possível que tenha se originado do vírus da varíola equina.[1-3]

Para a produção da vacina em larga escala, foram utilizados principalmente bezerros, sendo outros animais como búfalos (Índia) e ovelhas usados em menor escala. A produção da vacina era feita através da escarificação (série de arranhões) de maneira similar a vacinação em humanos, mas em uma área maior (flancos dos animais). Os vírus eram então inoculados na área escarificada, e após o período de incubação, o material era coletado. Alguns países tentaram a produção em **cultura celular** e em ovos embrionados de galinha para diminuir a contaminação. No entanto, somente no Brasil, na Suécia e no Texas ocorreu a produção da vacina em ovos embrionados em escala comercial, e destes, somente o Brasil a usou amplamente na campanha de erradicação da varíola. Em todos os casos a vacinação era dada da mesma forma: por pequenos arranhões (geralmente no ombro) no qual a solução contendo o vírus era inoculada. Após a vacinação uma pústula era formada no local.[1]

Cultura celular – sistema no qual se obtém células de um organismo e as adaptam para crescimento em laboratório. Geralmente se utiliza garrafas e meios especiais para mantê-las em cultura. Este procedimento é chamado cultivo in vitro.

4. Vacinação em massa – a varíola acuada

Conforme mais pessoas foram vacinadas, a mortalidade por varíola declinou imensamente. Epidemias que eram frequentes no século anterior tornaram-se mais raras e menos severas no século XIX. A vacinação levou a taxa de mortalidade por varíola aos níveis mais baixos já observados desde então na Dinamarca e na Suécia.[1] Os poucos casos que ocorriam era essencialmente em indivíduos não vacinados, indicando que a vacinação era a explicação para o fenômeno. A varíola, nossa velha inimiga, estava sofrendo com a nossa nova arma, e recuava.

Apesar da vacinação produzir imensos benefícios, ela não foi livre de complicações. Na Inglaterra, nos primeiros 25 anos do século XX foram reportadas 103 mortes em 4.275.109 vacinações.[1] Isto significa que a cada

41.505 pessoas vacinadas, 1 morria. Ou seja, um número mais de 8 mil vezes menor do que seria esperado se estas pessoas tivessem contraído varíola. Se formos mais a fundo, há algumas considerações a serem feitas. A primeira delas, é que o fato de alguém morrer após ter sido vacinado, não implica necessariamente que a causa da morte foi a vacina. Pessoas morrem o tempo todo, e em um universo de mais de 4 milhões de indivíduos, é de se esperar que alguns morram eventualmente em curto prazo. Se você mora em uma metrópole, dê uma olhada no obituário e veja quantas pessoas morrem todos os dias! Segundo, nem todas as pessoas que foram vacinadas ficaram efetivamente protegidas contra a doença, no entanto, isso indica que o vírus não se replicou adequadamente, e provavelmente não houve mortes associadas à vacina nessas pessoas. Terceiro, da mesma forma que houve pessoas que foram reportadas como terem morrido em consequência da vacinação sem ter sido ela a causa real, é possível ter tido pessoas que morreram em consequência da vacinação e que suas mortes não foram reportadas. Quarto, nem todas as pessoas que foram vacinadas teriam varíola naturalmente, mas se você tem uma mortalidade após a vacinação milhares de vezes menor do que aquela associada a doença contraída naturalmente (e isso levando em consideração que as mortes foram causadas pela vacina e não por alguma condição pré-existente) seria mais provável a morte de não vacinados do que de vacinados. E por último, com os exemplos de diminuição de mortalidade e aumento da expectativa de vida em países onde a vacina foi introduzida, é evidente que a vacina para a varíola poupou um número gigantesco de vidas. No entanto, o relato de casos de mortes após a vacinação pode ter lhe causado algum espanto. Mas em termos de comparação, as vacinas atuais são muito mais seguras do que a vacina para a varíola, e os casos de mortes são raros. Como mencionado, a morte foi um evento muito raro, mas outras complicações foram mais frequentes (ainda que também raras). Entre elas estavam as erupções cutâneas anormais até a vaccínia generalizada, que ocorria quando o vírus utilizado na vacina se multiplicava descontroladamente, geralmente em pessoas **imunodeficientes**. Também podiam ocorrer inflamações na garganta e encefalite. Muito raramente alguns fetos de mulheres grávidas vacinadas foram infectados, com casos de mortes fetais. Um estudo constatou um número baixo de reações adversas a vacinação (Tabela 2).[1] Nesse estudo, foi constatada uma morte a cada quase 1 milhão de vacinações. Supondo que em uma epidemia você tivesse uma chance em 100 de pegar varíola e que a mortalidade dessa epidemia fosse baixa (cerca de 10%), ainda assim, uma pessoa teria uma probabilidade quase 1000 vezes maior de morrer de varíola do que da vacinação. Este mesmo estudo encontrou uma probabilidade de 0,007% (ou um caso a cada mais de 13 mil vacinações) de um indivíduo vacinado apresentar algum efeito colateral. No entanto, o conceito de efeitos colaterais no passado era mais complacente, pois a própria vacina causava pústulas e inflamação no local de aplicação (que hoje seria considerada um efeito colateral).

Imunodeficientes – indivíduo que apresenta imunodeficiência. Imunodeficiência é um déficit no sistema imunológico que torna o indivíduo mais suscetível à infecções. Pode ser causada por medicamentos, infecções (exemplo: HIV), desnutrição, envelhecimento, estresse e outros fatores.

Número de casos de complicações após vacinação para varíola nos EUA (1968)								
Idade	Número estimado de vacinações	Encefalite	Vaccínia progressiva	Eczema	Vaccínia generalizada	Infecção acidental	Outras	Total
<1	614.000	4(3)	0	5	43	7	10	69
1-4	2.273000	6	1	31	47	91	40	216
5-9	1.553.000	5(1)	1(1)	11	20	32	8	77
10-14	295.000	0	0	1	2	1	1	5
15-19	111.000	0	1(1)	2	3	2	0	8
≥20	288.000	1	2	7	13	4	5	32
?	-	0	0	1	3	5	2	11
Total	5.594.000	16(4)	5(2)	58	131	142	66	418*

Tabela 2. Efeitos adversos após a vacinação. ( ) Mortes atribuídas à vacinação?* 31 pessoas com status de vacinação desconhecido[1]. *Tabela adaptada.

A vitória final sobre a varíola já se tornava visível no horizonte, quando em 1959, a Organização Mundial de Saúde (OMS) lançou uma meta ambiciosa: a erradicação global da varíola. Durante a década de 1950, a vacinação estava impondo uma grande derrota sobre a varíola. A doença que reinou incólume por milhares de anos, agora agonizava. A varíola foi erradicada dos EUA em 1949 e da América do Norte em 1951, e em 1952 a América Central tornou-se livre da doença. Em 1953 foi a vez da Europa, quando Portugal erradicou a doença. Já a América do Sul, só se tornou livre da varíola em 1971, com a erradicação no Brasil.[1]

A vacinação tinha feito a varíola perder diversos territórios, mas ainda na década de 1970, a doença resistia. Na Ásia, a varíola encolheu progressivamente, sendo eliminada da Indonésia e Afeganistão em 1972, do Paquistão em 1974 e finalmente do Nepal, Bangladesh (último caso de varíola maior) e da Índia em 1975, tornando a Ásia um continente livre da doença.[1] Mas a varíola ainda mantinha o continente africano como reduto.

O continente que viu a doença nascer, também seria por ventura do destino, o que a veria morrer. O berço, também foi o túmulo.

A Etiópia tornou-se livre da doença em 1976, passando a restar somente a Somália com casos identificados. Em 1977, se deu o último caso de infecção natural, onde o paciente Ali Maow Maalin, teve varíola menor e sobreviveu.[1] Como somente humanos eram hospedeiros do vírus, o ciclo que mantinha a varíola circulando foi quebrado. A vacina foi o grande algoz da varíola. A doença que durante milhares de anos, matou, cegou e desfigurou de crianças a idosos e de camponeses a monarcas, havia sido finalmente derrotada. A varíola estava morta. Em 1976 a OMS solicitou que todos os laboratórios destruíssem as amostras do vírus ou os entregassem a dois laboratórios autorizados no mundo: o CDC nos Estados Unidos e a um Instituto em koltsovo na Rússia.[1-3]

A varíola havia sido erradicada, o vírus não circulava mais, o que impedia a manutenção da doença. No entanto, os laboratórios ainda tinham estoques do vírus. Em 1978, Janet Parker uma fotógrafa que trabalhava na Universidade de Birminghan na Inglaterra, deu entrada no hospital e foi diagnosticada com varíola. Ela trabalhava um andar acima de um laboratório que não tinha a biossegurança necessária para trabalhar com o vírus da varíola, e foi infectada. O chefe do laboratório, Henry Bedson que já tinha sido avisado que o laboratório não atendia os critérios de biossegurança, suicidou-se. O pai de Janet Parker, infartou e faleceu após saber da condição da filha. Janet Parker, não resistiu e sucumbiu a doença. Esta foi a última vítima fatal da doença.[1,11] No século XX se estima que a varíola matou pelo menos 300 milhões de pessoas.

O documento de certificação da erradicação da varíola[12] descreveu:

"O mundo e todos os seus habitantes ganharam a liberdade da varíola, que foi a mais devastadora doença a varrer de forma epidêmica diversos países desde tempos antigos, levando a morte, cegueira e desfiguração em seu rastro."

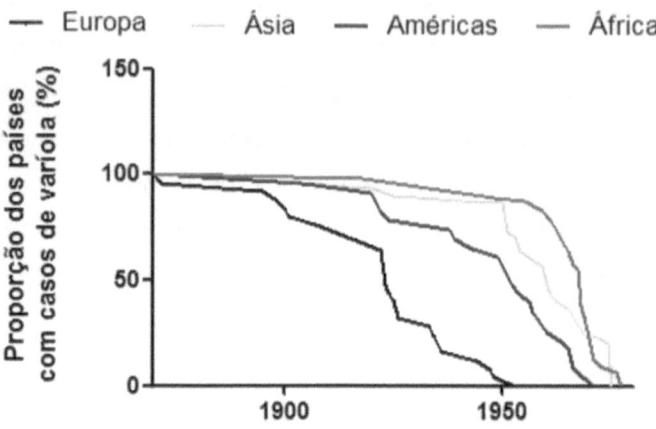

Figura 1. Declínio nos casos de varíola nos diferentes continentes[1] * Figura adaptada.

5. O que possibilitou a erradicação da varíola?

Para que uma doença infecciosa seja passível de erradicação, é necessário que ela possua algumas características. Em primeiro lugar, o vírus da varíola não possui vários subtipos ou muitas mutações que permitam o vírus infectar um indivíduo que foi previamente infectado. Isso confere longa imunidade aos que se recuperam da doença, e torna possível a elaboração de uma vacina. Portanto, a incapacidade do vírus causar reinfecções (pelo menos no prazo de alguns anos), limita a quantidade de indivíduos suscetíveis à infecção. Outra característica, é que o único hospedeiro do vírus são os seres humanos, portanto, uma vez eliminado da população não há como o vírus ser reintroduzido a partir de

reservatórios animais. Outra característica, é que a doença causa um quadro clínico muito característico e de fácil identificação, permitindo que indivíduos doentes sejam isolados. A presença de reservatórios animais (vírus da raiva), a alta mutabilidade (HIV) ou ambos associados (vírus da gripe) tornam uma doença extremamente difícil e até impossível de ser erradicada.

Reservatório **– espécie que é hospedeira de algum patógeno, e contribui para a sua manutenção na natureza. O reservatório de forma geral não é prejudicado, ou apresenta apenas consequências muito brandas. Por exemplo, aves migratórias (como patos selvagens) são o reservatório do vírus influenza..**

6. O medo de uma arma biológica

Submeter uma população nunca exposta ao vírus da varíola poderia ter efeito catastrófico. As populações do continente americano foram dizimadas quando europeus trouxeram consigo o inimigo invisível. É desta época inclusive o relato do uso intencional da varíola contra os índios Pontiac nos Estados Unidos, em 1763. Ao se depararem com a resistência indígena, os colonos ingleses sob ordem de Jeffrey Amherst, intencionalmente tentaram espalhar a doença entre os nativos, usando cobertores e lençóis de pacientes com varíola.[1,3]

O uso da varíola como arma biológica poderia causar um desastre sem precedentes, visto que não há imunidade na população atualmente. A OMS já recomendou a destruição global do vírus em algumas oportunidades, mas adiamentos sempre se seguiram. Atualmente, somente dois laboratórios no mundo (um nos EUA e outro na Rússia) possuem oficialmente o vírus. No entanto, isso equivale a dizer que todos os laboratórios atenderam a recomendação da OMS, e que ninguém trapaceou mantendo os vírus escondidos, ou que simplesmente, amostras não podem ter sido esquecidas em algum canto. De fato, em 2014 foi relatado ao CDC que funcionários de um laboratório encontraram amostras com o nome escrito "varíola".[13,14]

Ken Alibek, um ex-deputado na União Soviética e diretor do programa de armas biológicas, afirmou que no início da década de 1980, o governo soviético embarcou em um programa para produzir grandes quantidades do vírus da varíola, para adaptá-los ao uso em bombas e mísseis balísticos intercontinentais. O programa teve escala industrial, com capacidade de produzir muitas toneladas do vírus anualmente. Ainda na década de 1990, Alibek também afirmou que a Rússia mantinha um programa para produzir subtipos mais virulentos do vírus da varíola.[15]

Com o conhecimento atualmente sobre o genoma do vírus, a destruição de todos os estoques não impossibilitaria o seu uso como arma biológica, visto que todo o conhecimento para sua produção está disponível.

Os Estados Unidos ainda hoje mantém um grande estoque de vacinas para varíola, suficientemente grande para vacinar cada indivíduo no país em caso da doença ressurgir (especialmente se ocorrer de forma abrupta, como em um ataque terrorista).

7. A varíola pode voltar?

A varíola foi sepultada, mas é exatamente da sepultura que teme-se seu possível retorno. Durante a década de 1890, houve uma grande epidemia de varíola em regiões da Sibéria, com mortalidade de até 40%. O solo dessa região é chamado de *permafrost*, e é formado por uma mistura de terra, gelo e rochas congeladas. Os corpos dos mortos foram sepultados neste solo e lá estão até hoje. Mas o que mudou de lá para cá?

A resposta é: a temperatura. O planeta está ficando mais quente, e independentemente de quais sejam as causas, o solo está se aquecendo e sofrendo degelo. Esse degelo expõe os corpos podendo liberar o vírus. Em 2016, alguns desses corpos continham Antraz e a liberação dos esporos infectaram 24 pessoas que necessitaram de hospitalização e causou a morte de uma criança. Autoridades e pesquisadores especulam que o mesmo poderia acontecer com o vírus da varíola, o que poderia desencadear o retorno de nosso velho inimigo.[16-18]

CAPÍTULO II
GRANDES AVAÇOS

1. Inimigos desconhecidos

O conceito de imunidade e transmissão de doenças data de muito tempo, pois já na Grécia Antiga (século V a.C.), Tucídides descreveu que indivíduos que eram afetados e sobreviviam a uma peste que espalhava-se por Atenas durante a guerra do Peloponeso, não eram acometidos novamente pela mesma doença. Este conceito também era bem compreendido pelos chineses no século X d.C., que praticavam a variolização ao perceberem que alguém que já tivesse contraído varíola e sobrevivido, muito raramente adoecia novamente desta doença. A Bíblia fala dos cuidados para se evitar a lepra, e do isolamento dos doentes. Duas das pragas do Egito também descritas na Bíblia podem ter sido a peste bubônica e a peste bovina. Doenças eram geralmente atribuídas a diversos fatores, entre eles a punição divina, demônios, bruxaria, miasmas (ar ruim, fedor de material podre) ou alteração no balanço dos 4 humores vitais: sangue, fleuma, bile negra e bile amarela. Ainda no século XIX acreditava-se que os humores eram a causa de doenças, e que até mesmo o cheiro de grãos de café em decomposição eram a causa da febre amarela!

A existência de seres microscópicos permaneceu desconhecida por um longo período. A observação destes seres só pode ser obtida com o advento do microscópio, que inicialmente utilizou técnicas bastante rudimentares. Os primeiros microscópios datam do século XVII, e é difícil precisar o inventor. Diversos indivíduos geralmente são creditados, entre eles Hans Lippershey (1570-1619), Robert Hooke (1635-1703), Antonie van Leeuwenhoek (1632-1723), Cornelis Drebbel (1572-1633) e Zacharias Janssen (1585-1632). As primeiras observações de bactérias foram realizadas por Leeuwenhoek a partir de água da chuva, de poço e água do mar. Leeuwenhoek também foi o primeiro a observar protozoários parasitários (1681), quando analisou as próprias fezes e observou o que hoje conhecemos como *Giardia lamblia*. Robert Hooke observou células em fatias de cortiça. Apesar de Leeuwenhoek observar as bactérias, ainda levaria muito tempo para se aceitar amplamente que estes agentes microscópicos fossem causadores de doenças.[1-4]

A primeira pessoa a propor que as doenças poderiam ser causadas século X d.C.,por agentes infecciosos foi, o médico italiano Girolamo Fracastoro (1478-1553), em 1546. Fracastoro escreveu livros sobre a sífilis, e descreveu que contatos entre as pessoas e com objetos contaminados podiam transmitir a doença. No entanto, na época Fracastoro não tinha como saber que os agentes infecciosos eram bactérias (no caso da sífilis). Outro pioneiro foi Agostino Bassi (1773-1856), que estudou a muscardina, doença que acometia os bichos-da-seda. Esta doença é causada por um fungo e gerava muito prejuízo na indústria da seda, o que levava muitos produtores a abandonarem o negócio. Bassi concluiu que a doença era transmitida pelo contato entre os animais ou pelo contato destes com objetos contaminados. Ele identificou o agente como um fungo, que foi posteriormente nomeado *Beauvaria bassiana*. Também fez diversas recomendações para o manejo na criação do bicho-da-seda, indicando a desinfecção dos utensílios e eliminação dos animais doentes, o que ajudou a revitalizar essa indústria. Pasteur e outros cientistas que vieram após, desconheciam esses trabalhos, e chegaram a conclusões similares. Pasteur ganhou grande notoriedade, no entanto, tanto Bassi como Fracastoro são pouco reconhecidos por suas contribuições.[1-4]

Mesmo após esses estudos, a noção de que as doenças eram causadas por agentes microscópicos era ignorada, e os mais variados argumentos eram criados para explicar a causa das doenças. Mas isso iria mudar...

2. Descobrindo a causa das doenças

Como vimos, alguns pesquisadores levantaram a hipótese de que as infecções poderiam ser causadas por agentes microscópicos, no entanto, esses estudos permaneceram basicamente ignorados. As causas das doenças eram alvo de muitas especulações, muitas delas absurdas. Além disso, ainda no século XIX, a ideia aristotélica da geração espontânea (vida surgindo espontaneamente de diferentes materiais) era considerada válida. Aristóteles não foi o primeiro a propô-la, mas condensou as ideias para formular a teoria. Vários filósofos gregos apoiavam esta ideia, entre eles Demócrito, Epicuro e Lucrécio. A teoria cruzou os séculos, e foi suportada por diferentes grandes pensadores, como Newton, Descartes e Bacon (isso serve como exemplo de que o fato de indivíduos geniais afirmarem algo, isso não o torna verdadeiro).

O primeiro relato experimental suportando a geração espontânea surgiu no século XVII, quando Van Helmont reportou a geração de camundongos a partir de grãos de trigo e de uma camisa com marcas de suor! No entanto, em 1668 surgiu uma controvérsia, quando um estudo realizado por Francesco Redi (1626-1697) mostrou que as larvas não surgiam da carne em putrefação se esta fosse protegida das moscas. Seis anos após esse estudo, Leeuwenhoek observou bactérias no microscópio. A partir desta observação, os micróbios passaram a ser encontrados em todo o tipo de material, e os defensores da geração espontânea encontraram o seu refúgio: esses seres microscópios surgem espontaneamente, diziam. No entanto, Leeuwnhoek estava convencido de que estes micróbios em suas soluções eram resultantes da contaminação pelo ar. Um de seus discípulos, Louis Joblot em 1718, demonstrou que estes micróbios eram trazidos pelo ar, no entanto não conseguiu convencer os defensores da geração espontânea. Lazzaro Spallanzi (1729-1799) demonstrou em 1765 que o crescimento microbiano era inibido se a solução contendo os nutrientes fosse fervida.[1-4]

O golpe de misericórdia sobre a teoria da geração espontânea começou a ser dado em 1837, quando Schwann mostrou que se uma solução em um recipiente de vidro selado fosse fervida, não havia o aparecimento de bactérias. Este experimento era uma forte evidência de que os relatos de geração espontânea nada mais eram do que a contaminação por micróbios presentes no ar. Apesar dos resultados demonstrarem fortemente que a vida não se originava espontaneamente, os resultados ainda eram basicamente ignorados. Em 1858, Felix Pouchet fez com que as discussões em torno da geração espontânea atingissem o seu clímax, ao publicar um trabalho em que relatava a geração espontânea experimentalmente. Contudo, o resultado observado por ele foi na verdade fruto da contaminação pelo ar. O ponto final nessa história foi dado por Louis Pasteur (1822-1895) e John Tyndall (1820-1893). Pasteur demonstrou que soluções esterilizadas em frascos abertos e em contato com o ar, poderiam ser mantidas estéreis (sem o aparecimento de micróbios) se a abertura fosse longa e tortuosa o suficiente para que as bactérias do ar nunca atingissem a solução do interior do frasco. Tyndall por sua vez demonstrou que o crescimento de bactérias que por vezes ocorria em soluções que tinham sido fervidas era em decorrência da termoestabilidade de algumas bactérias. O processo de ferver e resfriar a amostra seguidas vezes impedia que qualquer bactéria crescesse. Esse procedimento de esterilização ficou conhecido como tindalização. A geração espontânea tinha sido refutada.

Apesar de todo o corpo de evidências que fez com que a teoria da geração espontânea desmoronasse, alguns continuaram defendendo-a ferrenhamente. Um deles foi H. Charlton Bastian, um de seus proeminentes defensores, que morreu em 1915, totalmente convencido de que a teoria da geração espontânea estava correta![1-4]

Com a maior compreensão da vida microscópica, estava ficando próximo um grande evento na história da ciência: a percepção e ampla aceitação de que agentes microscópicos eram a causa de diversas doenças.

3. Vírus ou bactéria?

Como o livro irá descrever experimentos com vacinas tanto para bactérias como para vírus, é importante compreender suas diferenças básicas. A primeira diferença marcante entre vírus e bactérias, refere-se ao tamanho. Vírus são significativamente menores que as bactérias (entre 100 a 1000 vezes). Isso é uma média, e existe alguns vírus especialmente grandes. Entre eles está o mimivírus que infectam amebas.[5] Quando foi descoberto, pensou-se tratar-se de uma bactéria. O diâmetro de seu capsídeo (estrutura proteica que envolve o seu material genético) é de 400 nanômetros (nm). Com as proteínas na superfície do capsídeo, chega a 600 nm. Para se ter ideia de como ele é grande para os parâmetros virais, o vírus da Zika tem por volta de 40 nm. O vírus Pandora que também infecta amebas possui o maior genoma entre todos os vírus, e seu diâmetro é de incríveis 1000 nm, ou 1μm.[6] No entanto, o recordista entre os vírus, o verdadeiro Golias viral é o Pithovírus, com 1,5 μm[7]. Este vírus foi descoberto em 2014 em uma amostra de *permafrost* de 30 mil anos na Rússia. As recentes descobertas de vírus gigantes sugerem que possivelmente outros vírus gigantes (e talvez até maiores que o Pithovírus) serão descobertos. A menor bactéria conhecida (*Pelagibacter ubique*) possui entre 120nm e 200nm.[8] As recordistas em tamanho entre as bactérias, no entanto, são centenas de vezes maiores que os maiores vírus. A Thiomargarita namibiensis podem alcançar até 750μm (mas geralmente fica em torno de 300μm).[9] A *Epulopiscium fishelsoni*, outra gigante, apresenta tamanho similar.[10]

Nos anos 1800, o termo vírus (derivado do latim que significa veneno) foi cunhado por Pasteur, e era usado para qualquer agente que causasse doença infecciosa. No século XIX, uma variada forma de filtros foi desenvolvida, e retinham as partículas maiores como bactérias, mas deixava passar as partículas menores, como os vírus. Portanto, por muito tempo falou-se que vírus eram agentes filtráveis. De maneira geral, os vírus são muito menores que bactérias, mas como vimos, os maiores vírus são maiores que as menores bactérias, o que derruba o conceito de agentes filtráveis. Outro problema dessa classificação é que toxinas também passam pelo filtro, apesar de não serem vírus. A descoberta dos vírus se deu em 1892 com os experimentos de Dmitri Ivanovsky (1864-1920) estudando a planta do tabaco. Ele observou que a parte do líquido que era filtrada transmitia a doença para a planta do tabaco. Em 1898, Martinus Beijerinck (1851-1931) repetiu os experimentos, e convenceu-se que se tratava de um agente infeccioso ainda não descoberto, o qual chamou de vírus.[1-3]

Além do tamanho, a grande diferença entre vírus e bactérias é em seu nível de organização. Vírus são estruturas acelulares, ou seja, não atingem o nível de organização de uma célula. Bactérias são células, e possuem toda a maquinaria para produzir seus próprios componentes, sendo, portanto, muito mais complexas que os vírus. Os vírus não possuem a maquinaria celular necessária para produzir suas próprias proteínas; requerem uma célula hospedeira para fazer isso, sendo, portanto, parasitas intracelulares obrigatórios. O processo pelo qual bactérias e vírus se propagam, também é completamente distinto. Bactérias multiplicam-se por fissão binária (uma célula cresce e se divide em duas) enquanto vírus são montados na célula hospedeira, que produz muitas partículas virais, a partir de um único vírus que a invadiu. Vírus são incapazes de alterar seu nível de organização fora de uma célula (alterar ativamente sua morfologia ou produzir moléculas), enquanto bactérias o fazem. Vírus não consomem energia; fora da célula mantêm-se estáveis, embora condições ambientais possam desestabilizá-los (como temperatura, pH, humidade), e uma vez desestabilizados não conseguem utilizar energia ativamente para reorganizar-se. Quando infectam células, a energia necessária para a produção de novas partículas virais é fornecida pela célula hospedeira. Em outras palavras, vírus não possuem nenhum nível de metabolismo. Já bactérias utilizam energia proveniente do meio, por isso necessitam de nutrientes para multiplicarem-se. Em outras palavras, possuem metabolismo próprio.

4. A teoria microbiana das doenças

Foi no século XIX que um grande conjunto de evidências demonstrou que uma série de doenças eram causadas por agentes microscópicos. O primeiro relato como já mencionado, foi de Agostino Bassi, que estudou a infecção por fungos em bichos-da-seda. Alguns anos após o estudo de Bassi, entre os anos de 1845 e 1847, outro fungo foi identificado como o agente causador da praga da batata, uma epidemia na cultura que ocorreu na Irlanda. Os cultivos de batata na Irlanda foram destruídos, e como era basicamente a única fonte de comida naquele período, ocorreu a "grande fome da Irlanda" que matou 1 milhão de pessoas de fome (em uma população que era de aproximadamente 8 milhões de pessoas). Em 1846, o reverendo Miles J. Berkeley observou que as batatas estavam invadidas pelo fungo. Posteriormente em outro estudo, ao se retirar os fungos de uma batata contaminada e infectar batatas sadias, evidenciou-se que o fungo era a causa da praga.[11,12]

Em 1847, o médico Ignaz Semmelweis (1818-1867) trabalhando no hospital de Viena, percebeu que a mortalidade por **febre puerperal** era maior do que em outras locais, e suspeitou que a doença poderia ser transmitida pelos estudantes de medicina, que manipulavam as pacientes (que tinham dado a luz) sem terem lavado as mãos após terem realizado autópsias. Essa suspeita começou quando o médico forense Jakob Kolletschka (1803-1847), cortou-se durante uma autópsia e morreu com sintomas típicos da febre puerperal. Semmeleweis então recomendou que as mãos dos alunos e médicos fossem lavadas antes que as pacientes fossem manipuladas, sendo ridicularizado por isso e ferindo o ego dos médicos que não possuíam esse hábito (ficando entendido que estariam disseminando a doença). A recomendação de Semmelweis para que os estudantes e médicos lavassem as mãos com uma solução contendo cloro antes de manipularem as pacientes, conteve a disseminação da doença e reduziu drasticamente a mortalidade. Após diversas críticas por suas ideias, Semmelweis começou a sofrer alterações psiquiátricas. Suas ideias só foram aceitas após sua morte aos 47 anos, depois de ter sido confinado em um asilo e espancado pelos guardas, sendo posteriormente jogado em uma cela escura, onde faleceu.[1,2,12]

Febre puerperal - doença causada por infecções que se originam no aparelho genital feminino no período puerperal (período após o parto).

Durante a guerra da Crimeia (1853-1856), a ideia de que a infecção era espalhada por agentes biológicos já era bem aceita, no entanto, a natureza e os mecanismos de infecção desses agentes eram desconhecidos. Durante esta guerra, um regimento do exército britânico perdeu 2162 homens, dos quais 1713 morreram de infecção. Os hospitais eram verdadeiros centros de propagação de doença e sofrimento. Em 1865, Pasteur concluiu que as doenças deveriam estar sendo transmitidas pelo ar. O cirurgião Joseph Lister (1827-1912) agiu para diminuir o número de mortes por sepse (infecção generalizada), cobrindo os ferimentos com panos contendo agentes químicos que matavam as bactérias do ar. A mortalidade caiu dramaticamente; este evento cimentou a convicção dos agentes biológicos como transmissores de doenças e abriu caminho para os cuidados antissépticos nos procedimentos cirúrgicos.[1,2,12]

Em 1850, Casimir Davaine (1812-1882) descobriu um agente microbiano no sangue de uma ovelha com antraz. Ele reconheceu o seu papel na doença, no entanto, não conseguiu explicar o mecanismo de transmissão na natureza. Apesar de não saber explicar o mecanismo de transmissão na natureza, demonstrou que ao se inocular sangue de um animal infectado em animais sadios, a doença era transmitida. A elucidação do mecanismo veio em 1875, quando Robert Koch (1843-1910) inoculou camundongos com o material proveniente de animais de fazenda que tinham morrido de antraz. Os camundongos que foram inoculados com material de animais doentes morreram, enquanto os que receberam de animais saudáveis não adoeceram. Koch isolou as bactérias dos animais, as cultivou *in vitro* e reinoculou em outros animais, que também adoeceram. Desta forma, Koch confirmou que o antraz era causado por uma bactéria (*Bacillus antracis*). Além disso, Koch demonstrou que a bactéria possui um estágio de esporo, no qual ela não é facilmente destruída, e que, portanto, era possível que permanecesse viável no solo por longo período, infectando os animais que entrassem em contato com esse ambiente. Foi uma demonstração experimental conclusiva de que o antraz era causado por um agente microbiano.[1,13]

Robert Koch foi mais além, e juntamente com Jakob Henle (1809-1885) formulou os postulados de Henle-Koch (mais conhecidos por postulados de Koch) que devem ser demonstrados para que se comprove a relação entre um agente microbiano e uma doença.[1]

Os postulados de Henle-Koch são:

1. Os agentes microbianos devem ser encontrados em todos os organismos afetados pela doença, e não devem ser encontrados em organismos saudáveis.
2. Os agentes microbianos devem ser isolados e crescidos em cultura.
3. Os agentes microbianos crescidos em cultura devem causar a doença quando inoculados em um organismo saudável.

Os agentes microbianos devem ser isolados do organismo inoculado e devem ser idênticos ao agente originalmente isolado.

Robert Koch também ganhou grande notoriedade por isolar a bactéria causadora da tuberculose em 1882, e da cólera no ano seguinte. Enquanto trabalhava como assistente de Koch, Julius Richard Petri (1853-1921) desenvolveu a placa de Petri, utensílio usado até hoje nas culturas de bactérias.

Só foi possível para Robert Koch e seus colaboradores isolarem bactérias de diferentes doenças, em decorrência de um avanço obtido na época com os meios de cultura. Bactérias quando colocadas sobre superfícies sólidas com nutrientes, crescem formando colônias (uma espécie de ponto onde as bactérias crescem todas juntas). No entanto, na época foi um grande desafio desenvolver esse tipo de meio. Koch utilizou fatias de batata em seus experimentos com a bactéria do antraz, mas nem todas as bactérias cresciam com esse método. Koch tentou acrescentar gelatina aos meios com nutrientes, no entanto, nos dias quentes a gelatina se liquefazia e, além disso, as bactérias produzem enzimas que digerem a gelatina. Walther Hesse (1846-1911) um dos assistentes de Koch reparou que as geleias e pudins feitos por sua esposa (Fanny Hesse, 1850-1934) mantinham-se sólidos mesmo com o tempo quente. Fanny Hesse relatou que utilizava ágar, uma substância gelatinosa retirada de algas marinhas (ela aprendeu essa técnica com um vizinho que tinha vindo da Indonésia, onde é costume usar o ágar na culinária). Fanny sugeriu utilizar o ágar para resolver o problema, e Whalther implementou-a no laboratório. Até hoje o ágar é utilizado para este fim no mundo inteiro. A bactéria da tuberculose foi isolada utilizando os meios com ágar, no entanto, Fanny e seu marido nunca receberam nenhum crédito.[14] Por suas descobertas relacionadas à tuberculose, Koch recebeu o prêmio Nobel de Fisiologia ou Medicina de 1905.

5. Rivalidade, bicho-da-seda e cólera

Contemporâneos, rivais e inimigos, Robert Koch em Berlin, e Louis Pasteur em Paris, estão entre os maiores nomes da ciência, e certamente foram os maiores contribuidores da microbiologia e imunologia do século XIX. O clima hostil entre ambos era tão pronunciado, que em uma reunião científica Koch foi dar sua palestra logo após a de Pasteur e pronunciou: "Quando eu vi no programa que o senhor Pasteur ia falar hoje...Eu assisti as palestras ansioso esperando aprender algo novo...Eu devo confessar que estou desapontado, já que não há nada de novo no discurso do senhor Pasteur."[3] Tanto Pasteur quanto Koch foram fundamentais no estabelecimento e aceitação da teoria microbiana das doenças.

Pasteur começou a se envolver com doenças infecciosas a partir de uma epidemia em bichos-da-seda na França, entre os anos de 1865 e 1870. Ao estudar as doenças que acometiam esses animais, Pasteur descreveu que eram causadas por agentes infecciosos microbianos, e propôs que todas as doenças infecciosas eram transmitidas por esses agentes, fundando os alicerces da teoria microbiana das doenças. Dentro de 20 anos, uma série de bactérias causadoras de doenças seriam identificadas, entre elas as da tuberculose, peste bubônica, cólera, difteria e lepra. Essas descobertas seriam essenciais tanto para a prevenção das doenças quanto para a formulação de vacinas.[1-3,12,13]

Em 1878, Pasteur conseguiu isolar a bactéria da cólera aviária (que foi isolada pela primeira vez pelo veterinário Jean Toussaint). Esta doença espalhava-se rapidamente pelas criações de galinha, matando milhares de animais. Acidentalmente em 1879, um frasco com as bactérias foi esquecido na bancada, e Pasteur usou essas bactérias "velhas" para inocular 8 galinhas, que não adoeceram. Pasteur concluiu que a bactéria deixada no frasco tinha sofrido atenuação. Ao novamente infectar as galinhas com bactérias, elas não adoeceram, portanto, ficaram imunes. A semelhança do ocorrido com os experimentos de Edward Jenner, fez com que Pasteur chamasse esse procedimento de vacinação, em homenagem a Jenner. Pasteur desenvolveu um método de atenuação ao manter a cultura de bactérias da cólera exposta ao oxigênio atmosférico, o que de acordo com ele, diminuía a sua virulência.[1,13]

Pasteur levantou uma hipótese para tentar descrever o mecanismo pelo qual a vacina teria funcionado. De acordo com ele, a inoculação com a vacina atenuada, e, portanto com agentes infecciosos vivos, depletava alguns elementos essenciais no organismo de quem a recebeu (já que eram consumidos pelos agentes presentes na vacina), e isso impediria infecções subsequentes. Como sabemos, não é esse o motivo, e Pasteur tinha condições naquela época de testar sua hipótese, já que isto implicaria em uma consequência óbvia: vacinas com bactérias mortas (inativadas) não deveriam funcionar se esse fosse o motivo.[1,12,13]

A descoberta de que a resposta imune estava associada a uma resposta do organismo, só veio com os estudos de Emil von Behring (1854-1917), Pierre Paul Émile Roux (1853-1933) e Shibasaburo Kitasato (1853-1931) em 1890. As bactérias do tétano e difteria produzem toxinas (será discutido mais a frente neste livro), e os pesquisadores descobriram que era possível se inativar essas toxinas e usá-las como vacina. Ao se retirar o sangue dos animais vacinados e transferir o soro para outros animais que não foram vacinados, mas que foram expostos à toxina, uma proteção era obtida. Ou seja, evidenciou-se que o animal vacinado produzia uma resposta contra as toxinas, e que os agentes responsáveis eram solúveis, e possíveis de serem transferidos para outros animais. Emil von Behring tornou-se o primeiro indivíduo a receber o prêmio Nobel de Fisiologia ou Medicina, em 1901.[1,3]

6. Desenvolvimento da vacina para o antraz

Desde tempos medievais, o antraz acometia principalmente o gado. Embora a inflamação de pele seja a complicação mais usual em humanos, o antraz sempre foi um problema sério para o gado de criação, já que muitos animais podem sofrer de doença grave, com complicações gastrointestinais e pulmonares, levando-os a morte.

Dois anos depois da demonstração conclusiva de Robert Koch de que o antraz era causado por um agente microbiano, Pasteur apresentou um resumo para a Academia de Ciências, atestando que a única forma de se assegurar que um agente microbiano é a causa de uma doença infecciosa, é isolando e mantendo o agente em cultura. Em nenhum momento, Pasteur menciona que Koch já tinha feito isso dois anos antes. Além disso, Pasteur deu muitos créditos a Davaine (que foi de fato o primeiro a mostrar a relação da bactéria com a doença), o que contribuiu para acentuar a rivalidade entre ambos. Pasteur confirmou os resultados de Koch, e em 1881 começou os experimentos para atenuar o *Bacillus antracis* (com o qual trabalhava desde 1877), o que foi obtido crescendo as bactérias expostas ao oxigênio. Robert Koch acreditava que bactérias possuíam uma característica imutável, e em uma série de artigos publicados, atacou os resultados de Pasteur, alegando que os mesmos eram em virtude de culturas contaminadas ou de erros de inoculação. Em suas publicações, Koch também usou ataques pessoais: "ele (Pasteur) se quer é um médico." De fato, Koch estava errado; bactérias não são imutáveis, e podem ser atenuadas.[1-3,12,13]

Pasteur descreveu que atenuou tanto a bactéria da cólera aviária quanto a do antraz por esse método, mas nunca explicou do porque os micróbios aeróbios seriam atenuados desta forma. Em 1880, Henri Bouley leu um relatório de Jean Toussaint (1847-1890) (ambos eram amigos) no qual estavam descritos ensaios com uma vacina para o antraz. Diferentemente de Pasteur, Toussaint usava uma vacina com bactérias mortas por aquecimento (10 minutos à 55°C). No relatório de Toussaint estava a descrição de que cães e ovelhas foram protegidos contra o antraz (animais não vacinados morreram). Em agosto deste mesmo ano, Pasteur recebeu uma carta de Boley com os relatos sobre os experimentos de Toussaint, e, entre outras coisas, respondeu que estava admirado com a descoberta, já que se tratava de uma grande surpresa e que isso era uma reviravolta em suas ideias sobre as vacinas. Essa reviravolta na visão de Pasteur, se dava pelo fato da vacina usada por Toussaint ser baseada em agentes microbianos mortos, o que ia contra sua ideia de imunidade, que era a de depleção de certos elementos do organismo vacinado pelos agentes microbianos vivos usados na vacina, o que impediria infecções subsequentes.[12]

Ainda em 1880, Toussaint começou a testar outro método de produção de vacina, baseado no tratamento químico com ácido carbólico. Em 1881, Pasteur anunciou a descoberta de sua própria vacina, que era uma vacina atenuada através do seu já conhecido método de inativação por exposição ao oxigênio atmosférico. Já no mês seguinte, Pasteur anunciou resultados positivos com a sua vacina em ovelhas. Isso estimulou o desafio da Sociedade de Agricultura de Melun, em Pouilly-le-Fort para que Pasteur fizesse uma demonstração pública. Pasteur aceitou, e mais de 50 ovelhas foram utilizadas neste experimento público, sendo metade vacinada (duas doses) e a outra metade não vacinada. Dois dias após a inoculação com antraz, mais de 200 observadores se reuniram para ver os resultados do experimento, que foi extremamente positivo: todos os animais vacinados sobreviveram, enquanto a maior parte das ovelhas não vacinadas estava morta ou severamente doente. Em uma carta pública sobre seu experimento com as ovelhas, Pasteur relata que a vacina foi produzida por um método que pode ser generalizado, já que foi o mesmo pelo qual ele obteve a vacina para cólera aviária. Mas de fato, não foi isso que aconteceu. Pasteur, secretamente utilizou uma vacina inativada quimicamente por bicromato de potássio, baseado no método de Toussaint.[12]

Pasteur recebeu grande clamor público, por ter sido o primeiro a desenvolver uma vacina eficiente contra o antraz. Toussaint morreu em 1890 aos 43 anos após sofrer um colapso mental. Em 1998, o governo francês oficialmente reconheceu a vacina desenvolvida por Toussaint, como a primeira eficiente contra o antraz. Robert Koch sempre salientou o seu reconhecimento de Toussaint como o criador da primeira vacina contra o antraz.[12]

7. A vacina contra a raiva

A raiva é uma doença infecciosa viral extremamente grave, cujo desfecho é a quase certeza da morte (há raríssimos casos de sobreviventes). Causa intenso sofrimento e é transmitida pela saliva, penetrando por ferimentos geralmente causados por mordidas de cães doentes. Em 1879, Pierre Galtier demonstrou que a raiva poderia ser transmitida para coelhos através da saliva de cães doentes. Em 1880, Pasteur teve sucesso ao transmitir a doença para coelhos através da inoculação intracerebral. Essa rota de inoculação permitia o aparecimento mais rápido dos sintomas da doença. Pasteur aumentou a virulência do vírus através da infecção em coelhos, obtendo uma amostra que, quando usada para infectar cães, produzia uma doença de evolução mais rápida. Em seguida, Pasteur conseguiu atenuar esse mesmo vírus, fazendo a passagem de cães para macacos e levando ao aumento do período de incubação em cães. Os cães que recebiam esse vírus atenuado, através da passagem em macacos, sobreviviam à infecção ao receberem o vírus de alta virulência. Em 1885, no entanto, Pasteur e Emile Roux desenvolveram um novo processo de atenuação: a medula espinhal de coelhos infectados com o vírus de alta virulência era dissecada e colocada em frascos expostos ao ar, o que, em 14 dias, levava a perda da capacidade infecciosa do vírus. Esses frascos continham hidróxido de potássio, para prevenir a putrefação das medulas. Com essas medulas eram feitas uma emulsão, e ao se injetar em cães essas emulsões progressivamente menos atenuadas (começava-se a partir das medulas conservadas por 14 dias em frasco, até chegar a medula com apenas um dia de conservação), os cães ficavam protegidos contra a infecção com o vírus de alta virulência.[1,12,13]

Então, um acaso do destino mudou a história. Em 6 de julho de 1885, três pessoas, incluindo um garoto de 9 anos chamado Joseph

Meister, bateram na porta de Pasteur, após o garoto ser atacado e severamente ferido por um cão raivoso. O garoto chegou à procura de ajuda e um Pasteur, relutante, convenceu-se a vacinar o garoto. Como o período de incubação da raiva é longo, é possível se vacinar um indivíduo que já sofreu a infecção. A vacinação seria a única forma de salvar a vida do garoto caso ele tivesse sido infectado, ou ele inevitavelmente morreria. O início da vacinação se deu no dia 7 de julho, 60 horas após o ataque. O garoto recebeu 12 injeções consecutivas de extratos da medula espinhal de coelhos, começando com a medula que estava há 14 dias no frasco. No dia 16 de julho o garoto recebeu a última dose, de uma medula espinhal fresca de um coelho que morreu da infecção pelo vírus da raiva de alta letalidade. O garoto sobreviveu. Em 1885, outro garoto de 15 anos foi atacado por um cão raivoso, e recebeu a vacina de Pasteur e sobreviveu. Estudos da época mostram uma mortalidade de aproximadamente 40% nos indivíduos atacados por cães raivosos (a raiva mata 100%, mas não necessariamente o ataque leva à infecção). Essa mortalidade foi reduzida para 0,5% com a vacina. Este grande triunfo da vacina sobre a raiva, levou à criação do Instituto Pasteur, em 1888. [1,12,13]

Pasteur desenvolveu outra hipótese para tentar explicar o funcionamento de sua vacina. Para ele, o agente microbiano utilizado na vacina produzia certa substância que impedia seu próprio crescimento, e com as vacinações em sequência essa substância impediria a multiplicação do vírus infeccioso. Este modelo de vacina criado por Pasteur baseado em tecido neural dissecado, serviu como base para a vacinação mundial contra a raiva por 10 anos, até 1895, quando a vacina inativada por ácido carbólico começou a ser produzida, sendo substituída por outra vacina inativada por fenol em 1915. Esta vacina por sua vez foi utilizada até meados da década de 1950, quando foi substituída pela vacina que usa o crescimento do vírus da raiva em cultura de células, seguido de sua inativação. Esta vacina está em uso até hoje.

Após a apresentação dos resultados da vacina contra a raiva, Pasteur gradualmente retirou-se da experimentação, até sua morte em 1895. Apesar de ter levado crédito não merecido por ter criado a vacina para o antraz (além de sua evidente má conduta científica), é inquestionável que Pasteur deixou um grande legado científico, contribuindo para a refutação da geração espontânea, para o estabelecimento da teoria microbiana das doenças, para a adoção de métodos antissépticos nas cirurgias, além de ter contribuído na vacina para o antraz (apesar de não tê-la criado) e por ter desenvolvido as vacinas contra a cólera aviária e raiva.

Robert Koch atacou os resultados do trabalho de Pasteur com a vacina para a raiva, se opondo ao uso da vacina e minimizando a significância de seu trabalho. No entanto, ele posteriormente desenvolveu uma vacina para raiva com base nos métodos de Pasteur.

Joseph Meister, o garoto que tomou a primeira vacina para raiva e foi salvo, tornou-se porteiro do Instituto Pasteur, e sua morte foi alvo de um mito. Historicamente por muito tempo se considerou que Joseph Meister suicidou-se em 1940, durante a ocupação alemã na França no período da Segunda Guerra Mundial (o que de fato aconteceu). Conta-se que Meister se suicidou ao ver-se impotente diante da invasão das tropas alemãs. Forças alemãs teriam chegado ao instituto e pedido acesso a cripta onde Pasteur estava sepultado, e ao não suportar ver isso acontecer, Meister tirou a própria vida com um tiro no dia 14 de junho de 1940. No entanto, em um diário pertencente a Eugene Wollman (chefe de um laboratório no Instituto Pasteur e residente no local) e com data de 24 de junho de 1940 está escrito: "Esta manhã Meister foi encontrado morto". No diário também está descrito: "Ele cometeu suicídio com gás". Além disso, não há nenhum relato de incidentes com tropas alemãs em seu diário. O seu diário também narra que Meister estava muito deprimido, pois sua família saiu de Paris buscando proteger-se do avanço alemão. Outras fontes escritas do Instituto e a neta de Meister confirmam o diário. De fato, Meister acreditava que sua família tinha morrido em um bombardeio alemão, e naquele período de ocupação era praticamente impossível receber qualquer notícia. Por ironia do destino, sua mulher e filhas retornaram horas mais tarde no mesmo dia em que Meister se suicidou. Eugene Wollman descreveu: "A vida tem uma crueldade extraordinariamente refinada".[15]

8. Cultivando vírus

Após a vacina para a varíola, houve um período relativamente longo no qual nenhuma nova vacina foi desenvolvida. Antes do estabelecimento da teoria microbiana das doenças, desconhecia-se que agentes biológicos infecciosos eram a causa das doenças. Assim que se estabeleceu essa relação, uma dificuldade evidente era se cultivar esses agentes microbianos em laboratório. Quando a causa das doenças eram bactérias, como no caso do antraz e da cólera aviária, o cultivo era mais fácil. Bactérias quando colocadas em meio com nutrientes adequados, multiplicam-se rapidamente, o que não acontece com vírus. Bactérias são células, capazes de crescerem, dividirem-se e se multiplicarem. Vírus precisam invadir uma célula e usar os recursos celulares para poderem se multiplicar. Isso ocorre pelo fato de vírus serem estruturas biologicamente mais simples, baseados em um material genético circundado por proteínas. Diferentes tipos de vírus podem ser maiores ou menores, apresentarem ainda certas estruturas ou não, mas de maneira geral esta é sua conformação básica. Portanto, por não atingir o nível de organização de uma célula, eles necessariamente requerem células para se multiplicar, por isso são chamados de parasitas intracelulares obrigatórios.

Desta forma, de maneira geral é mais simples se cultivar bactérias do que vírus. Quando Pasteur desenvolveu sua vacina para raiva, necessitou multiplicar ("crescer") os vírus em coelhos. O processo de crescer vírus em animais é longo, trabalhoso e com maiores chances de contaminação. Este problema foi resolvido por John Enders (1897-1985), que inicialmente estudou o vírus vaccínia, usado na vacina contra a varíola. Enders observou que era possível crescer vírus em células cultivadas *in vitro*, eliminando a necessidade de se utilizar animais. No laboratório de Enders, descobriu-se que o vírus da poliomielite era capaz de crescer em células de prepúcio de bebês circuncisados, além de outros tipos celulares. Essa descoberta foi fundamental para o desenvolvimento da vacina contra a pólio em larga escala. John Enders, Thomas Huckle Weller (1915-2008) e Frederick Chapman Robbins (1916-2003) receberam o prêmio Nobel de Fisiologia ou Medicina em 1954, pela descoberta da habilidade do vírus da poliomielite crescer em culturas celulares de vários tipos. Por suas contribuições, Jonh Enders tem sido chamado de "o pai das vacinas modernas".[1,2]

9. Vacina para poliomielite

A poliomielite é uma doença inflamatória aguda de neurônios da medula espinhal, causada pelo poliovírus, que ocasionou uma grande epidemia nos séculos XIX e XX. Embora venha ocorrendo desde tempos remotos, com a melhora no saneamento, a doença levou a diversos surtos no século XX, especialmente na Europa e Estados Unidos. Uma palavra define esses surtos: pânico. O medo desenfreado espalhava-se pela população diante dos surtos de poliomielite, levando a quarentenas, proibição no deslocamento das pessoas e fechamento de áreas de lazer públicas. O fato de, nos EUA, o presidente Franklin Delano Roosevelt ter sofrido de pólio (e sofrer sequelas), fortaleceu o conceito de combate à doença, que levou o próprio presidente a fundar a Fundação Nacional para a Paralisia Infantil (agora March of Dimes). Apesar do grande pânico, menos de 1% dos infectados desenvolve a paralisia dos membros inferiores. Mortes eram mais frequentes em crianças muito jovens, geralmente por insuficiência respiratória, pois os vírus podem destruir neurônios dos nervos envolvidos na respiração. Para se tratar essa condição existia um dispositivo denominado pulmão de ferro, que tinha o aspecto de instrumento medieval de tortura. Este equipamento visava permitir a respiração dos doentes com insuficiência respiratória.[1,16]

Você leu no primeiro parágrafo que a melhoria no saneamento levou ao aumento dos surtos de pólio, e é isso mesmo! Embora traga imensos benefícios à saúde humana, a melhoria no saneamento fez com que mães não tivessem contato com o vírus e, portanto, não transmitissem anticorpos para as crianças na gestação e amamentação. Além disso, crianças pequenas não entravam mais em contato com o vírus, não ficando mais imunes à doença em idades mais tardias. A principal via de transmissão da poliomielite é a oro-fecal, ou seja, vírus eliminados através das fezes e que contamina alimentos, água e superfícies e causam infecção de outros indivíduos pela via oral. No entanto, pode ocorrer a infecção por via oral-oral, especialmente em regiões com boas condições sanitárias.

O pânico espalhou-se juntamente com o vírus; em Montpelier medidas foram tomadas para restringir a circulação de indivíduos abaixo de 16 anos, inicialmente em locais públicos como escolas, teatros e igrejas. Com os casos aumentando, restringiu-se as crianças em suas próprias casas. Nos EUA, o primeiro grande surto ocorreu em 1907, com 2500 casos e 125 mortes. O maior dos surtos nos EUA, ocorreu em 1916, com 27 mil casos e 7 mil mortes. Neste país também houve quarentenas e controle na entrada de pessoas nas cidades durante o verão. A polícia preveniu o movimento das populações, e muitas cidades recusaram-se a permitir a entrada de pessoas. Nada disso funcionou. Em 1931, 4138 pessoas morreram de pólio nos EUA, e um número muito maior ficou com paralisias permanentes. Grandes surtos ocorreram entre 1942 e 1953, e em 1952 houve aproximadamente 60 mil casos, com 3145 mortes e 21269 casos de paralisia.[1,16] A figura a seguir reflete um aviso traduzido exatamente de seu formato original:

Não é permitida a entrada de crianças abaixo de 16 anos nessa cidade.

Figura 2. Placa alertando sobre a proibição à entrada de crianças na cidade. Figura adaptada.[1]

Em 1935, dois grupos estavam desenvolvendo a vacina para a poliomielite independentemente, e ambos os projetos fracassaram. Uma das vacinas foi produzida na Universidade de Nova York, sendo testada em chimpanzés, no próprio pesquisador e em crianças. A vacina era baseada na inativação química (com formalina) dos vírus crescidos na medula espinhal de macacos. No teste em humanos, 11 mil indivíduos foram utilizados e os resultados foram inconclusivos, e com muitas reações alérgicas associadas à vacina. Na Universidade da Filadélfia uma vacina atenuada foi desenvolvida, e o pesquisador testou em si mesmo, nos seus filhos e em 23 crianças, sem nenhuma reação adversa. Então 10 mil crianças foram vacinadas, e o resultado foi catastrófico: 9 pessoas morreram de pólio e várias outras sofreram paralisia, adoeceram ou desenvolveram reações alérgicas.

Albert Sabin (1906-1993) e Jonas Salk (1914-1995) são dois nomes de vulto na história da poliomielite. Sabin em 1941 realizou autópsias de pacientes que morreram de pólio, e observou que o vírus era abundante no trato digestivo, e não se encontrava no tecido nasal. O laboratório de Salk por sua vez, determinou que existiam 3 sorotipos do vírus da poliomielite. Apesar destas descobertas impactantes, Sabin e Salk iriam ainda mais longe e escreveriam o nome na história pelo desenvolvimento das vacinas contra a pólio. No entanto, eles não foram os pioneiros, e tiveram como base pesquisadores que desenvolveram vacinas e as demonstraram eficientes em animais. Em 1949, Isabel Morgan mostrou que sua vacina inativada com formalina protegia macacos da pólio, e em 1945, Hilary Koprowski demonstrou que sua vacina atenuada em cérebros de camundongo protegia chimpanzés e humanos, pois o próprio pesquisador e um colega beberam a vacina! Esta vacina atenuada foi posteriormente testada em 21 crianças em 1950, induzindo a produção de anticorpos e sem efeitos colaterais.[1,16-18]

Em 1950, Salk testou vacinas inativadas e atenuadas para a pólio em macacos. Em 1951, o National Foundation aceitou o pedido de Salk para considerar sua vacina para o teste em humanos. No comitê avaliador estava Sabin e outros pesquisadores, que negaram o pedido por considerarem demasiadamente perigoso (e Sabin estava desenvolvendo seu próprio modelo de vacina). Como a pressão por resultado era muito grande, o National Foundation aceitou realizar os testes em segredo. Em 1952, a vacina foi testada em 42 crianças, sem efeitos colaterais e com a produção de anticorpos. Salk posteriormente testou a vacina em crianças de um lar para crianças com problemas mentais, mais uma vez sem efeitos colaterais. Em uma reunião da National Foundation, Salk apresentou seus resultados, o que causou comoção em Sabin e em outros que julgavam serem necessárias mais pesquisas antes dos testes.

Para a vacina ser licenciada, um grande número de indivíduos deveria ser utilizado no teste. Nada menos que 1,8 milhões de crianças foram vacinadas até 1954, e em 1955 os resultados foram anunciados: a vacina era de 80% a 90% efetiva. A vacina inativada foi um grande sucesso, e Salk considerado um herói. Contudo, em um dos lotes da vacina ouve falha na inativação, o que levou à casos de doença e mortes. O evento ficou conhecido como o incidente de Cutter, e será abordado mais à frente no livro. Contudo, foi uma falha na produção da vacina em si, um erro laboratorial. A vacina de Salk demonstrou-se segura.

Sabin continuou trabalhando em sua vacina, e iniciou os testes clínicos em 1954. Os testes foram um grande sucesso, com os indivíduos vacinados exibindo grande produção de anticorpos. Em 1959, 10 milhões de crianças russas foram vacinadas com a vacina de Sabin com total sucesso. Posteriormente a Rússia usou essa vacina para toda a população. Em 1961, quando a incidência de pólio já tinha diminuído dramaticamente com o uso da vacina Salk, a vacina Sabin foi aprovada nos EUA. Em 1979, a poliomielite foi erradicada dos EUA e em 1994, a doença tinha sido eliminada do continente americano. A vacina de Koprowski foi utilizada na África. Entre os anos de 1977 e 1995, a porcentagem de crianças vacinadas no mundo aumentou de 5% para 80%. Em 2016, apenas 42 casos de poliomielite foram registrados no mundo. A pólio é uma doença que caminha para a erradicação global. [1,16-18]

10. A vacina para tuberculose

A tuberculose é causada pela bactéria *Mycobacterium tuberculosis* (isolada por Robert Kock em 1882) e causa milhões de infecções anualmente. Em 2015, foi estimado que 10,4 milhões de novos casos de infecção ocorreram, e destes, 480 mil foram causadas por bactérias multirresistentes (resistentes a diversos antibióticos). A estimativa é que 1,4 milhões de pessoas morreram neste mesmo ano, o que a torna a doença infecciosa que mais mata no mundo (sendo a 9ª entre todas as causas de morte).[19,20] A tuberculose acompanha a humanidade por milênios, e atualmente só há uma vacina contra a doença. Essa vacina é a BCG, que já é quase centenária, e já foi aplicada em mais de 4 bilhões de pessoas!

Em 1900, Albert Calmette (1863-1933) e Jean-Marie Camille Guérin (1872-1961) começaram a pesquisa para a vacina contra a tuberculose no Instituto Pasteur. Iniciaram cultivando a bactéria em um meio de glicerina e batata, o que tornava árdua a tarefa de obter uma suspensão homogênea. Para tentar reverter a tendência das bactérias em aglutinar-se, eles usaram bile de boi no meio de cultura, o que causou a atenuação das bactérias. Este evento fortuito os levou em busca de uma vacina atenuada. Em 1908, começaram a trabalhar com uma linhagem da bactéria da tuberculose bovina (*Mycobacterium bovis*) que havia sido originalmente isolada do úbere de uma vaca com tuberculose, em 1902. Eles cultivaram esta bactéria seriadamente em um meio com glicerina, batata e bile. Em 1913, eles estavam prontos para os testes no gado, mas foram interrompidos pela eclosão da Primeira Guerra Mundial. No entanto, a cultura da bactéria foi mantida mesmo com todas as dificuldades de se obter as matérias primas durante o período da guerra (a França estava ocupada pelos alemães neste período). Em 1919, com o fim do conflito, os pesquisadores tinham realizado 230 passagens da cultura de bactéria! Essa bactéria era incapaz de induzir tuberculose em porquinhos-da-Índia, coelhos, bois e cavalos. Guérin sugeriu chamar a bactéria atenuada de Bacille Bile Calmette-Guérin, retirando-se posteriormente o Bile e, portanto, nascendo o termo BCG.[19-21]

Os testes em humanos começaram em 1921, quando a vacina foi dada para um recém-nascido por via oral, após sua mãe ter morrido de tuberculose. A via oral foi utilizada, pois Calmette acreditava que o trato gastrointestinal era a rota de infecção pela bactéria (hoje sabe-se que é respiratória). Em 1924, a equipe que administrava a vacina fez um relatório em que descreviam 664 vacinações. Entre os anos de 1924 e 1928, 114 mil crianças foram vacinadas com a BCG sem complicações sérias. Desde que começou a ser produzida, as bactérias atenuadas da BCG foram cultivadas em diversos laboratórios, o que pode levar a algumas diferenças, dependendo de onde veio a vacina. Embora boa parte dos estudos mostre algum grau de proteção, os resultados são muito variáveis. A BCG tem limitada capacidade de proteção sobre a população adulta, sendo mais eficiente em crianças. A vacina tem sido utilizada por muitos anos e demonstrou-se segura, no entanto, novas gerações de vacinas são necessárias para uma proteção mais ampla e potente.[19-21]

11. Vacina para febre amarela

A febre amarela é uma febre hemorrágica viral aguda de alta gravidade, e com mortalidade que varia entre 15% e 50%. É transmitida pela picada de mosquitos, e os sintomas incluem febre, dor de cabeça, dores musculares, náuseas, vômitos e fadiga. O nome da doença deriva-se da icterícia que ocorre em muitos pacientes e os deixa com o tom da pele amarelo. Carlos Finlay (1833-1915) descobriu em 1881 que a doença era transmitida pela picada de mosquitos. Essa descoberta foi curiosa e trágica: dois membros de uma comissão permitiram-se ser picados por mosquitos infectados pelo vírus, que ocasionou a morte de um deles e fez com que o outro desenvolvesse doença crônica. Atualmente a febre amarela ocorre nas Américas Central e do Sul e na África.[1,22,23]

A gravidade da doença influenciou alguns eventos históricos como, por exemplo, a construção do canal do Panamá. Este canal é atualmente uma importante rota comercial das embarcações entre os oceanos Pacífico e Atlântico, e começou a ser construído pela França em 1881 (cerca de 2 mil homens trabalhavam em sua construção). Em 1882, houve 400 mortes por doenças, e em 1883, foram 1500 mortes, a maior parte delas por febre amarela. Mais de 20 mil trabalhadores morreram de febre amarela e malária durante sua construção que teve de ser interrompida. A retomada se deu pelos EUA em 1904, quando a área já tinha contado com uma massiva eliminação dos mosquitos transmissores. O canal foi finalmente finalizado em 1914.[1]

Durante algum tempo o agente causador da febre amarela permaneceu um assunto controverso, suspeitando-se de uma bactéria. Hideyo Noguchi (1876-1928) chegou inclusive a isolar a bactéria que acreditava causar a febre amarela, nomeando-a *Leptospira icteroides*. Mas Noguchi foi mais além, e publicou estudos da vacina contra a febre amarela baseada nessa bactéria! Ironicamente Noguchi morreu de febre amarela. Adrian Stokes investigava a hipótese de Noguchi, e isolou o sangue de uma pessoa com febre amarela e transferiu para macacos Rhesus, que adoeceram. Stokes não conseguiu encontrar as bactérias nos macacos. Stokes morreu antes de se confirmar que os macacos estavam infectados com um vírus, e que este causava a doença. Coincidentemente, Stokes também morreu de febre amarela![1]

Max Theiler (1899-1972) demonstrou que o vírus era letal para macacos Rhesus e que causava encefalite quando inoculados no cérebro de camundongos. A infecção de camundongos em sequência (passagem seriada) levou a atenuação do vírus, no entanto, ainda capaz de infectar o sistema nervoso. Ao se fazer a passagem seriada em ovos embrionados (mais de 100 passagens!), o vírus perdeu a capacidade de infectar o sistema nervoso. Os experimentos em laboratório demonstraram que este vírus era inócuo e protegia os macacos contra o vírus da febre amarela. Milhões de pessoas têm sido vacinadas com a vacina desenvolvida por Theiler. Max Theiler recebeu o prêmio Nobel de Fisiologia ou Medicina em 1951 pelo desenvolvimento da vacina.[1]

12. O rei das vacinas

No campo das vacinas ninguém foi mais produtivo que Maurice Hilleman (1919-2005). Seu trabalho começou em 1944, quando desenvolveu a vacina para encefalite japonesa B, que era requerida urgentemente pelas tropas aliadas alojadas no Pacífico durante a Segunda Guerra Mundial. Ele simplesmente desenvolveu mais de 40 vacinas, várias delas usadas na vacinação de crianças. Entre as vacinas que ele desenvolveu, encontram-se as para o sarampo, caxumba, hepatite A, hepatite B, catapora, meningite, rubéola e pneumonia. Também obteve sucesso no isolamento de vírus, como no da hepatite A. Um colega de trabalho de Hilleman descreveu: "para dar um exemplo de como ele trabalhou, em 1963 (quando sua filha estava tendo sinais clássicos de caxumba) ele passou um *swab* (espécie de cotonete, só que mais longo) na garganta de sua filha, trouxe para o laboratório para por em cultura e em 1967 havia uma vacina."[24]

CAPÍTULO III

Imunidade e vacina

1. Quais os tipos de vacinas que existem?

As vacinas são produtos constituídos por diferentes substâncias, que tem o objetivo de induzir uma resposta do sistema imunológico para gerar proteção contra (ou tratar) doenças. No entanto, as vacinas compreendem um grupo diversificado de produtos que são baseados em diferentes princípios. Nas vacinas também podem estar presentes substâncias denominadas adjuvantes, cujo objetivo é aumentar a resposta imune. Sais de alumínio e substâncias lipídicas são as mais comumente utilizadas. Essas substâncias são testadas e são seguras, mas não são utilizadas em todas as vacinas. As vacinas podem ser classificadas em: atenuadas, inativadas, de subunidades, de toxoides, conjugadas, recombinantes, de vetores virais e terapêuticas.[1-3]

As vacinas atenuadas são baseadas em agentes infecciosos ativos, porém com sua capacidade de causar doença muito diminuída (atenuada). O agente utilizado na vacina consegue se replicar no corpo da pessoa vacinada, mas de forma limitada, causando geralmente uma infecção subclínica, ou seja, aquela em que o indivíduo não manifesta sinais de doença. Para se obter a atenuação de um agente causador de doença, podem-se utilizar diversos processos.

A passagem seriada é um método clássico para a atenuação de vírus. Este processo geralmente consiste em adaptar o agente patogênico a um sistema de cultivo *in vitro*. Os vírus são parasitas intracelulares obrigatórios, ou seja, precisam de células para infectar e gerarem novas partículas virais. Cultivo *in vitro* é um sistema no qual se adaptam células para viverem fora do organismo a que elas pertencem, e geralmente se usam células que não são normalmente infectadas pelo vírus que se deseja adaptar. Por exemplo, podem-se isolar células de humanos ou qualquer animal e cultivá-las em garrafas especiais, onde estas células são mantidas e, em seguida, usadas para a propagação dos vírus (os vírus dependem de células para sua multiplicação). Uma vez que o vírus cresce nessa garrafa e as células começam a morrer, coleta-se o líquido da garrafa e se infecta uma segunda garrafa, e assim sucessivamente. Quanto mais vezes o processo é repetido, maior é a probabilidade do agente patogênico ficar cada vez mais atenuado. A atenuação ocorre por que a população de vírus começa a acumular mutações para se adaptar ao novo sistema em que se encontra. Assim, com o tempo o vírus se torna cada vez mais eficiente em infectar o sistema *in vitro*, no entanto, se torna cada vez menos eficiente em infectar o seu hospedeiro natural. A atenuação do vírus da febre amarela, por exemplo, foi obtida nos anos de 1930, através da passagem seriada do vírus em ovos embrionados (os ovos embrionados foram utilizados como sistema de cultivo da mesma forma como no exemplo das garrafas de células). Já o vírus da poliomielite foi atenuado em células de macaco. Este processo também foi utilizado para atenuar os vírus da rubéola, sarampo e caxumba.[3,4]

A atenuação também pode ser utilizada para bactérias. A vacina BCG (Bacille Calmette-Guérin) que protege contra a tuberculose, originou-se de uma bactéria (*Mycobacterium bovis*) que foi isolada de uma vaca e mantida em cultura por mais de 200 passagens. A passagem seriada de bactérias não requer um meio com células como os vírus, já que as bactérias não precisam de células para que se multipliquem. Utiliza-se uma solução com nutrientes no qual as bactérias crescem (se multiplicam), e quando a população de bactérias fica muito alta (o líquido fica turvo), pega-se uma fração desse líquido e se passa para outra garrafa e assim sucessivamente.[5]

Outra forma de se obter atenuação é a passagem em hospedeiro heterólogo (hospedeiro de espécie diferente do organismo no qual o vírus foi isolado e que não é usualmente infectado pelo vírus). Louis Pasteur em seus experimentos pioneiros com o vírus da raiva, obteve a atenuação isolando o vírus que infectava cães, e inoculando-os em macacos. Após a passagem em macacos, a patogenicidade do vírus nos cães era diminuída. Edward Jenner apesar de não ter feito passagem seriada do vírus da varíola bovina em humanos com o objetivo de atenuação, observou que essa infecção heteróloga era vantajosa. Ao se inocular o vírus da varíola bovina em um hospedeiro heterólogo (humanos), foi possível se obter proteção contra uma doença grave e fatal, como a varíola humana. Vale ressaltar que a passagem em hospedeiro heterólogo não irá necessariamente levar a atenuação do vírus.[3,4,6]

A adaptação ao frio é outro exemplo de se obter atenuação, e é utilizada na vacina atenuada para a gripe. O vírus foi adaptado a crescer em células a uma temperatura de 25°C, o que limita a sua capacidade de se multiplicar no corpo humano, que é muito mais quente. Como a vacina é administrada por via intranasal, e essa região é relativamente mais fria que as regiões mais internas do corpo (como os pulmões), o vírus só cresce localmente e de forma limitada. No entanto, esse crescimento na mucosa nasal gera uma resposta imune que protege o indivíduo de futuras infecções por esses vírus.[3]

Outra forma de se obter uma infecção atenuada é se inocular o vírus em um local do organismo onde a doença não ocorra naturalmente. Um exemplo é uma vacina para adenovírus que é utilizada na forma de tabletes para serem engolidos. Esses vírus são patogênicos na via respiratória, mas pela via digestória são replicados sem causar doença. Lembra-se da variolização? Sim, ela era uma forma de vacinação (embora não seja considerada historicamente a primeira vacina) que alterava o local de infecção pelo vírus, causando uma infecção mais branda (ainda que séria).[3]

As vacinas atenuadas possuem a vantagem de gerarem uma resposta imunológica muito próxima a que ocorre naturalmente na infecção. No entanto, seu uso requer precaução em grupos de indivíduos imunossuprimidos, como idosos, portadores de síndrome da imunodeficiência humana (AIDS), transplantados, grávidas, pacientes em quimioterapia, portadores de doença autoimunes e crônicas, entre outros. Essa precaução é necessária, pois embora incomum, o agente atenuado utilizado na vacina pode causar a doença para a qual ele pretende proteger, em um processo chamado de **reversão vacinal**.[3]

Reversão vacinal - processo pelo qual o vírus ou bactéria atenuado utilizado em uma vacinação, torna-se novamente infeccioso e causa a doença para o qual a vacina pretendia proteger.

As vacinas inativadas consistem em patógenos cuja capacidade infecciosa foi completamente abolida. Portanto, nas vacinas inativadas não há replicação como na atenuada. O agente tradicionalmente utilizado para inativação é o formaldeído. O formaldeído é um agente fixador, ou seja, ele fixa a estrutura do agente infeccioso em uma conformação que impede as alterações necessárias para a infecção. A vacina Salk para poliomielite e a vacina para hepatite A são baseadas nesse mecanismo de inativação. Também há vacina para gripe baseada em vírus inteiros da influenza inativados por esse método. A vantagem das vacinas inativadas sobre as atenuadas é a de não se utilizar vírus ou bactérias que são replicados ou se replicam, e que possam se associar a maiores efeitos adversos e ao risco de causarem doenças. Também não possuem a limitação de não poderem ser utilizadas em indivíduos imunossuprimidos. No entanto, a resposta imune a estas vacinas tende a ser mais limitada e menos duradoura, muitas vezes necessitando mais de uma dose.[1-3]

Além das vacinas em que se usa o vírus inativado e inteiro, a vacina pode ser baseada em fragmentos ou proteínas do patógeno purificados, sendo, portanto, chamadas de vacinas de subunidade. Geralmente se utilizam partes do patógeno que apresentem regiões para as quais é direcionada a maior parte dos anticorpos produzidos durante uma infecção natural. Essas regiões que estimulam muito a produção de anticorpos pelo hospedeiro são chamadas de epítopos. Vacinas para influenza (gripe), hepatite B e pertússis (coqueluche) são exemplos desse modelo de vacina. A grande vantagem dessas vacinas é que elas, pelo fato de conterem somente pequenas partes do patógeno purificado, raramente causam efeitos colaterais sérios. A desvantagem, é que são menos imunogênicas do que as vacinas inativadas inteiras, e geralmente necessitam de mais de uma dose e do uso de adjuvantes.[1-3]

Alguns fragmentos de patógenos não são suficientemente capazes de gerar uma resposta imune satisfatória e, portanto, são conjugados a outras moléculas. Exemplos dessas vacinas são as para *Haemophilus influenzae* (causa meningite e infecção respiratória) e *Streptococcus pneumoniae* (que causa pneumonia). Geralmente estas moléculas são conjugadas a proteína diftérica não tóxica (entre outras). Quando conjugadas a estes compostos passam a estimular a resposta imune. Possuem basicamente as mesmas características das vacinas de subunidade.[1-3]

As vacinas toxoides são baseadas em proteínas tóxicas de bactérias que foram quimicamente inativadas (por formaldeído). Essas vacinas não são utilizadas para proteger contra a infecção por bactérias, mas pelas toxinas que estas produzem. Portanto, o alvo dessas vacinas é imunizar o indivíduo contra a toxina e não contra a bactéria. Essas vacinas são utilizadas para proteção contra as proteínas tóxicas produzidas pelas bactérias que causam a difteria (toxina diftérica) e o tétano (toxina tetânica).[1-3] Embora a toxina diftérica seja produzida pela bactéria, o gene que possui a informação para produzi-la não é da bactéria, mas sim de um vírus (vírus que infectam bactérias são chamados de bacteriófagos). Ao infectar a bactéria, o gene do vírus introduz a informação e a toxina é produzida!

As vacinas recombinantes recebem esse nome devido ao seu processo de produção. Por exemplo, a vacina para hepatite B é uma vacina de subunidade, no entanto, os fragmentos dos vírus (proteínas) utilizados na vacina não são obtidos a partir da purificação do vírus. Essas proteínas são produzidas em bactérias. Como se sabe toda a sequência do DNA que é responsável por codificar ("produzir") a proteína do vírus da hepatite B para a qual se quer produzir anticorpos, estas sequencias são sintetizadas em laboratório e inseridas em moléculas denominadas plasmídeos. Esses plasmídeos são inseridos em bactérias por técnicas de laboratório, e as bactérias produzem a proteína desejada. Segue-se um protocolo de purificação, no qual se obtém essa proteína em alto grau de pureza. Outra vacina produzida utilizando este processo é a vacina para o HPV (vírus do papiloma humano) que causa câncer de colo de útero. Uma característica interessante dessas duas vacinas, é que elas utilizam as proteínas dos capsídeos virais (proteínas que dão a estrutura ao vírus e que circundam e protegem o genoma), portanto, ao serem produzidas, elas formam estruturas esféricas semelhantes aos vírus (essa montagem é estimulada por técnicas de laboratório). Essas estruturas recebem o nome de VLP (*viral like particles* – partículas semelhantes aos vírus).[1-3]

As vacinas de vetor viral utilizam um vírus para realizar a "entrega" de antígenos ou de material genético para o indivíduo vacinado. No caso de ser utilizada uma vacina de vetor viral para se realizar a entrega de um material genético de outro patógeno, a partícula viral atenuada é alterada para possuir um gene que codifica para uma proteína de outro patógeno (ou mesmo doença não infecciosa), que será produzido nas células do indivíduo que foi vacinado. Por exemplo, a primeira descrição para este modelo de vacina, foi a do vírus vaccínia que foi alterado para possuir um gene que produzia a proteína do vírus da hepatite B. O vírus vaccínia atenuado modificado ao ser inoculado em chimpanzés protegeu esses animais contra a infecção pelo vírus da hepatite B (pois o vírus vaccínia estava com um gene do vírus da hepatite B, e quando vacinados os animais produziam essa proteína em suas células, que foram reconhecidas como antígeno e a resposta imune foi ativada!). Este modelo de vacina é promissor, e tem sido avaliado para malária, AIDS e câncer.

A vacina para dengue, Dengvaxia®[7] é baseada neste princípio. É importante ressaltar que esta vacina é classificada como atenuada e recombinante. Atenuada, pois usa o vírus da febre amarela atenuado, e recombinante, pois dentro desse vírus da febre amarela atenuado foi inserido genes do vírus da dengue. Por conceito, é uma vacina que usa o vírus atenuado da febre amarela como vetor para gerar resposta imune contra a dengue. Como o vírus da dengue possui 4 **sorotipos**, a vacina é constituída por 4 vetores de febre amarela, sendo que cada um dos vetores com os genes para cada um dos sorotipos do vírus da dengue. Por basear-se em uma vacina atenuada requer as precauções com os indivíduos imunossuprimidos, não sendo indicadas, por exemplo, para mulheres grávidas ou pacientes apresentando quadro de AIDS.

***Sorotipo* - agentes infecciosos relacionados que induzem a produção de diferentes anticorpos. Por exemplo, o vírus da dengue possui 4 sorotipos, onde cada um induz a produção de anticorpos diferentes.**

A classe das vacinas terapêuticas inclui hoje uma única vacina licenciada, e é mais nova geração entre as vacinas. Diferentemente de todas as demais vacinas, ela não é usada na profilaxia (prevenção), mas no tratamento de uma doença já estabelecida, que no caso é o câncer de próstata. A vacina Sipuleucel-T (Provenge)[8] se baseia no transplante autólogo de células do sistema imune do próprio paciente. O transplante autólogo refere-se a transplantar um tecido de um indivíduo para o próprio indivíduo. No caso de pacientes com câncer de próstata, o tratamento é realizado primeiramente se coletando o sangue do paciente e se isolando células do sistema imune. Isolam-se as células apresentadoras de antígeno (APCs), incluindo células B, macrófagos e principalmente células dendríticas (ainda nesse capítulo você entenderá melhor a função destas células). As APCs isoladas são mantidas *in vitro* com um antígeno presente largamente nas células do câncer de próstata. A maturação das APCs também é estimulada *in vitro*. Após esse processo, essas células são reinseridas no paciente. Como essas células são APCs e como elas foram expostas a um antígeno, quando elas voltam ao paciente elas irão apresentar esse antígeno para os linfócitos T, que são os responsáveis pela resposta imune celular e são também importantíssimos no estímulo para a produção de anticorpos. Isso desencadeia uma resposta imune contra as células tumorais!

2. Como uma vacina é produzida?

Para uma vacina chegar ao mercado, ela percorre um árduo e longo caminho. A primeira fase de uma pesquisa para uma nova vacina é chamada fase pré-clínica. Nesta fase, se utilizam modelos animais que variam de acordo com a vacina que está sendo testada. Os animais mais comumente utilizados são os de pequeno porte como camundongos, ratos, hamsters e furões. Animais de grande porte como porcos e primatas não humanos também podem ser utilizados. Nesta fase se investiga a segurança da vacina (avaliação de efeitos adversos), os parâmetros imunológicos (como a produção de anticorpos), a capacidade de proteção diante da infecção, a dosagem e a via de administração. Também são frequentemente utilizados pelo menos dois modelos de animais diferentes. Se nos testes em animais, a vacina se mostrar eficiente e, sobretudo segura, ela se torna uma candidata para a pesquisa clínica.

A pesquisa clínica é realizada em seres humanos voluntários, e possui quatro fases. Neste momento, os lotes de vacina são analisados por vários parâmetros, para assegurar a sua pureza, além de segurança e reprodutibilidade no seu uso.[3]

Fase 1 – nesta fase se utiliza um número reduzido de indivíduos, geralmente menos que 100. Os indivíduos utilizados nesta fase são adultos saudáveis (independente para qual grupo de pessoas a vacina será destinada). Nesta fase o principal objetivo é avaliar segurança e tolerância à vacinação. Devido ao número pequeno de indivíduos, esta fase geralmente irá detectar somente problemas que sejam relativamente comuns com o uso da vacina. A vacina progride na fase clínica se não demonstrar nenhum problema que comprometa sua segurança.

Fase 2 – nesta fase são utilizadas centenas de pessoas, e busca-se avaliar efeitos colaterais e a resposta imunológica causada pela vacina. Nessa fase é utilizado o grupo de pessoas para qual a vacina é destinada. Por exemplo, se a vacina for pediátrica, serão testadas em crianças (que não são usadas na fase 1).

Fase 3 – milhares ou até dezenas de milhares de pessoas são pesquisadas nessa fase. Busca-se avaliar efeitos colaterais que não sejam tão comuns, bem como responder a todas as questões sobre a resposta imune causada pela vacina. Se a vacina em teste não tiver uma concorrente já no mercado, utiliza-se um grupo placebo. Um grupo placebo, é um grupo que acha que está recebendo a vacina, mas na verdade só está recebendo uma solução inócua (como por exemplo, soro). Este grupo é necessário, pois muitas das reações adversas são meramente psicológicas ou pelo fato de ser aplicada por injeção, e não pelo fato do conteúdo da vacina em si. O grupo placebo permite diferenciar esses efeitos, dos efeitos realmente ocasionados pela vacina. Se a vacina que está sendo testada é uma nova candidata para uma doença para qual já há uma vacina, não há grupo placebo, mas sim uma comparação entre a nova candidata e a vacina que está no mercado. Isso se dá por motivos éticos, visto que não é considerado ético não vacinar alguém, quando há uma vacina licenciada disponível.

Se a candidata a vacina conseguir passar pela fase 3, ela estará pronta para chegar na fase 4. Mas antes disso, geralmente as agências e autoridades competentes do país inspecionam a cadeia de produção da vacina, para averiguar se todas as exigências de segurança e produção estão dentro dos parâmetros. Se tudo estiver de acordo, a vacina é licenciada e vai para o mercado.

Fase 4 – esta fase compreende as vacinas que estão no mercado e passaram por todos os estágios anteriores. Esta fase busca identificar efeitos colaterais raros ou que surjam após um longo período depois da vacinação. Nesta fase também é avaliada a efetividade da vacina, que é o quanto a vacina consegue reduzir a doença na vida real, que difere de eficácia que avalia a vacina na situação controlada da fase pré-clínica.

3. Imunidade e vacina

Tanto a infecção natural como a vacinação induzem a resposta imunológica. Esta resposta não é necessariamente a mesma, mas muitos dos seus componentes são iguais. A intensão desse livro não é o de falar de forma aprofundada sobre a resposta imune, pois este é um assunto complexo e longo, que foge ao escopo do livro, mas sim, entender de forma bem básica os mecanismos gerais do porque ficamos imunes a alguma doença.

A princípio, a forma mais eficaz de se tornar imune a uma doença é adoecendo e se recuperando. A forma mais provável de não ter pegado varíola, era ter tido varíola uma vez e sobrevivido. No entanto, não podemos contar com isso por uma série de motivos. Primeiro, que talvez não haja segunda chance, pois você pode simplesmente morrer da doença na primeira vez. Segundo, você pode ter sequelas, e elas não são exatamente desejáveis. Terceiro, ainda que você não tenha sequelas, você pode passar um bocado mal, tendo dores, mal-estar, febre e várias intercorrências da doença que também não são exatamente agradáveis. Portanto, sobram as vacinas.

A vacina atenuada é a que mais se aproxima do que seria uma infecção natural, no entanto, a multiplicação é muito limitada (e o vírus ou bactéria atenuados não são exatamente iguais ao patógeno que causa a doença), e por isso a resposta imune não é tão potente quanto na infecção natural. No entanto, ela geralmente é suficiente para gerar uma resposta protetora. O uso das vacinas inativadas (incluindo as de subunidade, conjugadas e toxoides) utilizam o patógeno ou partes deles (ou da toxina), mas como estão inativados, não há replicação, e a resposta é mais limitada.

Nos parágrafos seguintes você vai ler um pouco sobre imunologia. Se você nunca estudou esse assunto, verá muitas coisas novas. Mas não se deixe desanimar! No final terá uma ilustração que lhe ajudará na compreensão.

A produção de anticorpos é o princípio fundamental no qual se baseia a maioria das vacinas. As células B são as responsáveis pela produção de anticorpos, e nós temos uma população enorme delas, sendo que cada célula responde a somente um epítopo. As células que reconhecem cada epítopo do patógeno já existem mesmo antes de entrar em contato com este, e são potencialmente capazes de reconhecer qualquer patógeno que tenha existido, exista ou venha a existir. Quando uma pessoa é infectada, a célula B já existente reage especificamente a um epítopo, e começa a se dividir, gerando células filhas que produzirão anticorpos específicos (esse processo denomina-se expansão clonal). Vamos entender melhor como tudo funciona.

Assim que uma partícula que é capaz de gerar uma resposta imune (antígeno) entra no corpo, como um vírus ou uma bactéria, ela pode ser capturada por células dendríticas. Essas células tem a função de capturar e degradar a partícula e apresentar o antígeno para outras células do sistema imune, por isso são chamadas de células apresentadoras de antígeno (APCs) (embora existam outras células que também são APCs). Elas apresentam estes antígenos para células chamadas de linfócitos TCD4+ (são essas células que são infectadas pelo HIV). Os linfócitos TCD4+ são fundamentais para orquestrar o funcionamento do sistema imune. Uma vez que as células dendríticas apresentam o antígeno para os linfócitos TCD4+, eles se tornam ativados. Os linfócitos B (ou células B) também reconhecem antígenos e, portanto, são também APCs. As células B ao reconhecerem o antígeno migram para se encontrarem com os linfócitos TCD4+ que foram estimulados pelo mesmo antígeno (apresentados pelas células dendríticas). Quando esse encontro ocorre, os linfócitos TCD4+ ajudam as células B a se dividirem, diferenciarem e produzirem anticorpos. Por isso os linfócitos TCD4+ são também chamados de linfócitos T auxiliares.[3,9]

Parte dos linfócitos B se diferencia em células produtoras de anticorpos (plasmócitos) e parte se diferencia em células B de memória, que em caso de reencontro com o antígeno respondem mais rapidamente, produzindo anticorpos em maior quantidade, velocidade e especificidade. Portanto, formar as células B de memória é um dos motivos pelo qual se tomam vacinas! [3,9]

Bom, mas o que os anticorpos fazem? Os anticorpos podem se ligar diretamente ao agente infeccioso e impedir que ele prossiga a infecção. Esta atividade de bloquear a atividade do patógeno é chamada de neutralização. Além disso, os anticorpos podem cobrir o patógeno e ativar proteínas plasmáticas que se juntam aos anticorpos e o cobrem (processo chamado opsonização), o que facilita o reconhecimento por células especializadas na destruição de antígenos. Essas células (especialmente os macrófagos) literalmente engolem o patógeno e o destroem. No caso de uma infecção viral, os anticorpos podem ainda se ligar nas proteínas do vírus no momento em que este está prestes a sair da célula (neste momento as proteínas do vírus estão na superfície da célula, antes que ele saia desta), o que sinaliza para as células *natural killers* (NK) (assassinas naturais) que a célula está infectada e que deve ser destruída. Ao destruir as células infectadas, as células NK eliminam fontes de brotamento viral. Portanto, a formação de células B de memória após a vacinação, permite que todos esses processos ocorram de forma mais rápida, em maior intensidade e especificidade, bloqueando a infecção em seus estágios iniciais. [3,9]

Vimos que os anticorpos são fundamentais na imunidade, no entanto, eles atuam principalmente no ambiente extracelular (por isso chamada de resposta imune humoral – humor refere-se a fluído). Mas vírus crescem no interior de células, e algumas bactérias são também intracelulares (assim como alguns protozoários). Portanto, alguma forma de imunidade deve existir para combater os patógenos que estão dentro das células. Ela existe, e é chamada de resposta imune celular.

Como vimos, as células TCD4+ interagem com as APCs, que apresentam um antígeno específico. Mas além de apresentar antígenos para os linfócitos TCD4+, as APCs também apresentam para linfócitos TCD8+. Os linfócitos TCD8+ tornam-se ativados ao interagirem com as APCs, mas só passam a exercer sua função quando os linfócitos TCD4+ liberam mensageiros químicos sinalizando a ativação (esses mensageiros químicos são chamados de citocinas). Mais uma vez se percebe o motivo dos linfócitos TCD4+ também serem chamados de auxiliares. Mas o que fazem os linfócitos TCD8+? Bem, as células tem um mecanismo engenhoso para "mostrarem" para o sistema imune que elas foram infectadas. Dentro das células têm muitas proteínas, e as células o tempo todo "cortam" essas proteínas e mandam os pedaços para a superfície. Quando uma célula está infectada por um vírus, pedaços das proteínas virais vão para superfície e são identificadas pelos TCD8+ (lembra, as APCs já fizeram o serviço de mostrar os pedaços do agente infecioso pra ele), e ao reconhecê-los eles destroem as células infectadas, impedindo que vírus brotem da célula e se espalhem. Nesta fase, os linfócitos TCD8+ são chamados de linfócitos T citotóxicos. Assim como as células B, os linfócitos TCD8+ também formam células de memória, que em caso de reinfecção geram uma resposta mais rápida e específica.[3,9]

A vacinação e a infecção nos conferem imunidade (pelo menos para a maioria das doenças infeciosas), pois o sistema imune apresenta a capacidade de se "lembrar" de um antígeno ao qual foi previamente exposto. Essa capacidade de se lembrar como vimos, é dada pelas células de memória que foram induzidas: células B, linfócitos TCD4+ e linfócitos TCD8+. Essa parte do sistema imune que é capaz de gerar memória e responder mais rapidamente e mais especificamente no caso de reencontro com o antígeno, é chamada de sistema imune adaptativo. No entanto, nem todas as células do sistema imune possuem essa propriedade de gerar memória, como por exemplo, macrófagos, células dendríticas, células NK, neutrófilos entre outros. Esses são os elementos do sistema imune inato. O sistema imune inato é a primeira linha de defesa do organismo, gerando uma resposta mais geral. O sistema imune adaptativo desenvolve a resposta mais específica ao patógeno.[3,9] A figura a seguir mostra os mecanismos gerais da resposta imune adaptativa.

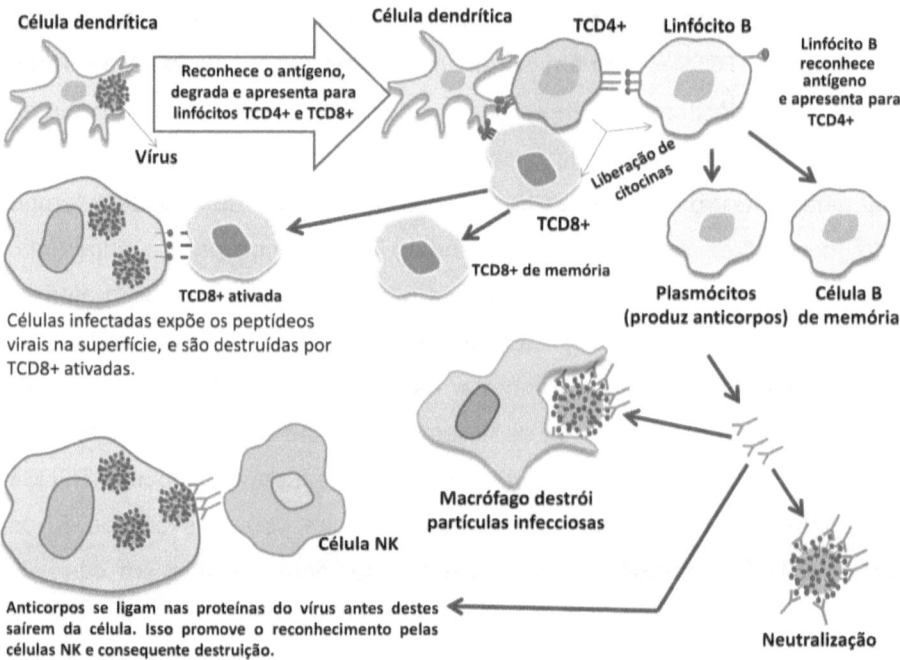

Figura 3. Resposta imune. Observar desde a captação e apresentação pelas células dendríticas até a geração da resposta imune adaptativa (produção de anticorpos, formação de células TCD8+ ativadas e células de memória).

4. Eu posso ficar protegido sem estar imune?

A princípio essa ideia soa meio estranha, mas a verdade é que sim. Vamos supor que exista uma doença para qual há vacina, e que hipoteticamente todas as pessoas do mundo estão vacinadas, menos você. Vamos supor ainda que tal vacina seja capaz de imunizar 100% das pessoas que foram vacinadas (sabemos que vacinas assim não existem, mas é só um exercício mental). Bem, a princípio você está protegido porque as outras pessoas também estão. Como todas as pessoas que você encontrar pelo caminho estão imunes, você não precisa se preocupar em tomar a vacina, pois não vai ter ninguém pra te transmitir a doença. Embora esse cenário seja impossível, ele nos permite a chegar uma conclusão: quanto mais pessoas em uma determinada população estiverem imunizadas, menor a probabilidade de alguma que não esteja imune cruzar o seu caminho. No exemplo citado, o risco seria 0, mas a vida real não é tão benevolente. Mas a dedução é óbvia: quanto mais gente imunizada, menor a chance de você ficar doente, mesmo não estando imune. É puramente um evento de probabilidade.[10,11]

No primeiro capítulo falamos de como a campanha de vacinação foi a arma que erradicou a varíola. Mas obviamente, seria impossível vacinar todas as pessoas do planeta. A varíola foi erradicada, pois as pessoas doentes, de forma geral, passaram a ter, cada vez menos chance de entrar em contato com indivíduos suscetíveis, à medida que a vacinação avançou. Quando a última infecção ocorreu, um grande número de pessoas, ainda, era suscetível a infecção pelo vírus da varíola, mas como seu número era pequeno diante dos que estavam protegidos, a erradicação global foi possível. O mesmo ocorreu na erradicação da pólio nas Américas, por exemplo. Essa característica de um grupo de pessoas estar protegido, ainda que nem todas estejam imunes é chamada de imunidade de rebanho (ou imunidade de grupo). [10,11]

Claramente a proporção total de indivíduos imunes tem um efeito protetor sobre aqueles que não estão imunizados. No entanto, o número total não é a única coisa que importa. Vamos supor, por exemplo, que você faz parte de um grupo de 100 pessoas que decidiram não se imunizar diante de um vírus pandêmico que surgiu, e este vírus é altamente transmissível. Esse grupo de pessoas se reúne semanalmente em um galpão para discutir sobre a doença. Vamos supor que a grande maioria da população se vacinou e está imune, e você está contando com a imunidade de rebanho para se manter protegido. Bom, melhor esquecer os seus amigos de reunião então também. Como são 100 pessoas andando por aí aleatoriamente, a probabilidade de uma delas encontrar nas ruas com alguém doente e se infectar, é muito maior que a de uma pessoa em particular. Logo se o vírus for muito infeccioso, é melhor você não estar na próxima reunião. Portanto, o número total de indivíduos protegidos importa para a imunidade de grupo, mas fatores como a distribuição dos indivíduos não protegidos e a interação entre eles também influencia. Atualmente, há um exemplo no mundo: a poliomielite. A maior parte do mundo está imune à doença, e se os indivíduos não imunes fossem dispersos pela população, muito provavelmente a pólio já teria desaparecido. No entanto, estes indivíduos suscetíveis estão próximos uns aos outros, em países onde a vacinação não ocorre ou é deficitária. Mesmo com uma pequena proporção de indivíduos suscetíveis, a pólio ainda se mantém na população humana, pois os indivíduos suscetíveis não estão aleatoriamente distribuídos pelo planeta. De qualquer forma, a maneira mais fácil de se proteger é tomar a vacina. A figura a seguir representa a imunidade de grupo:

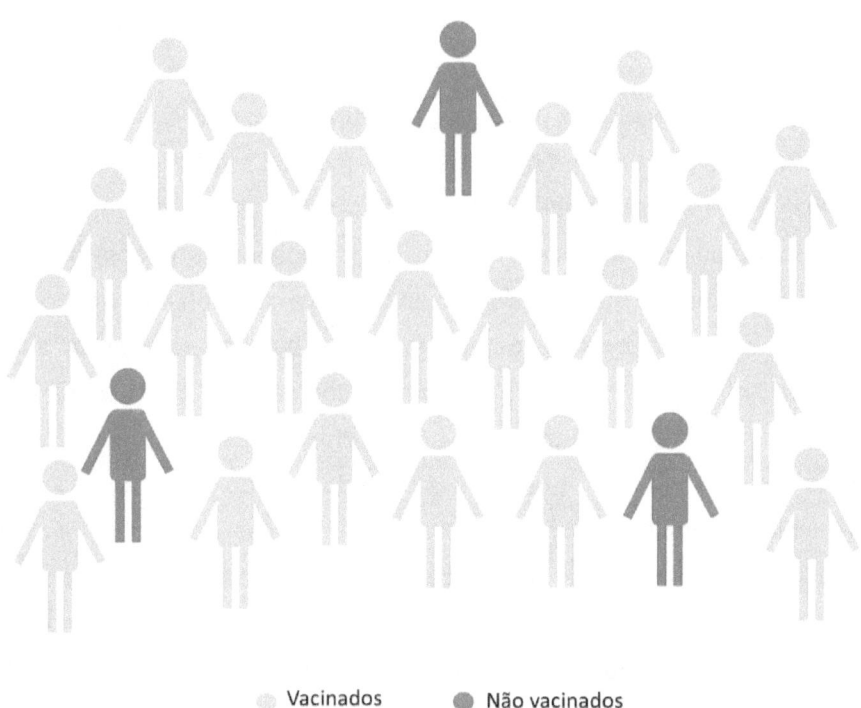

Figura 4. Imunidade de rebanho. Indivíduos não vacinados (vermelho) estão menos predispostos a se infectarem se as outras pessoas tiverem imunes (cinza).

5. Patógenos e hospedeiros: uma corrida armamentista

Após a segunda guerra mundial o mundo ficou polarizado entre duas superpotências, EUA e União Soviética. Os dois países se antagonizavam tanto politicamente como economicamente, e a tensão entre os dois levou ao medo de uma guerra nuclear apocalíptica. A melhor forma de estar preparado para esse possível evento era ter tantas armas quanto fosse possível. Como não era possível prever a estratégia adversária, a forma mais segura de estar preparado, era estar armado o suficiente para um confronto. Essa analogia pode ser levada para a interação entre o parasita (vírus, bactérias, protozoários e fungos) e o hospedeiro. Na verdade, a doença é apenas uma consequência da infecção, e o patógeno não tem a "intenção" de causá-la. Mas de fato, muitos vírus e bactérias nos causam doenças ao nos infectarem, e o nosso sistema imune contra-ataca. Portanto, os patógenos se adaptam para se manterem capazes de infectar, e o nosso sistema imune se adapta para impedir ou minimizar os efeitos da infecção. A balança pode pesar a favor tanto do hospedeiro quanto do patógeno, mas de uma forma simples eles estão nessa corrida para manter o status atual: o hospedeiro sendo capaz de se livrar da infecção e os vírus e bactérias sendo capazes de infectar. Em biologia evolutiva isso é chamado de hipótese da rainha vermelha. Este nome deriva-se do livro *Alice através do espelho*, onde a rainha vermelha fala que é necessário correr para se manter no mesmo lugar. Portanto, é necessária uma adaptação contínua de ambas as partes.[12,13]

Esse exemplo não vale somente para parasitas e hospedeiros, mas, por exemplo, na relação entre presas e predadores. Coelhos se tornaram velozes para escaparem de raposas, e raposas tornaram-se velozes para pegarem os coelhos. Esse evento não ocorre de forma intencional, mas somente pelo fato dos animais velozes serem os que sobrevivem ao longo das gerações. A mutabilidade do vírus da influenza é uma contra-adaptação a adaptação do sistema imune do hospedeiro. Caso um dos envolvidos na corrida armamentista não consiga se adaptar às mudanças do seu "adversário", ele corre o risco da extinção. A vacinação para a varíola tornou a população humana mais adaptada para enfrentar a infecção, e o vírus, incapaz de uma contra-adaptação pra otimizar sua capacidade infecciosa, extinguiu-se.

Sabe-se, por exemplo, que há indivíduos que são resistentes à infecção pelo HIV-1.[14,15] Se vivêssemos em estado selvagem (em ausência de qualquer tratamento), é possível que com o passar dos anos a proporção de indivíduos resistentes fosse aumentando, visto que a grande maioria das pessoas que contraíssem HIV-1 (e nesta situação não existiria tratamento) sucumbiria à infecção. No entanto, conforme a população de indivíduos resistentes crescesse, isso iria impor uma pressão cada vez maior sobre o vírus, que poderia se adaptar e conseguir a passar a infectar os resistentes ou se extinguiria (ou diminuiria muito sua proporção de infecção na população). Obviamente este cenário esta fora de questão por motivos éticos, pois atualmente há tratamentos disponíveis.

Um exemplo que ficou bem conhecido da co-evolução entre patógeno e hospedeiro, ocorreu com a liberação do vírus da mixomatose em coelhos europeus na Austrália.[16] Coelhos europeus foram introduzidos na Austrália e tornaram-se verdadeiras pragas, causando danos ao ecossistema australiano. Várias alternativas no controle da população de coelhos foram tentadas, com pouco sucesso. Surgiu a ideia do controle biológico, introduzindo-se o vírus da mixomatose que ocorre em coelhos da América do sul, onde não é letal. No entanto, nos coelhos europeus o vírus causa doença de alta letalidade.

O vírus foi introduzido nos coelhos europeus na Austrália no verão de 1950-1951, e espalhou-se, pois a doença era transmitida por picada de mosquitos. Inicialmente o vírus era capaz de matar praticamente todos os coelhos que infectava (99,8%). No entanto, com o passar do tempo começou a se observar que a letalidade da doença começou a diminuir. Essa diminuição na letalidade da infecção se deu por dois motivos: pela seleção de coelhos resistentes à infecção e pela atenuação do vírus.

A atenuação (moderada) do vírus parece ser contraditória à primeira vista, mas em termos de eficiência na propagação, faz todo sentido biológico. Para os vírus serem transmitidos, eles precisam atingir certa concentração na pele dos coelhos; vírus de alta letalidade atingem essa concentração, no entanto, matam rapidamente os coelhos, diminuindo o tempo que estes ficam expostos à picada de mosquitos, diminuindo assim o potencial de propagação viral. Os vírus que atenuam-se excessivamente, rapidamente são contidos pelo sistema imune do hospedeiro, fazendo com que a concentração viral não seja tão elevada, dificultando a transmissão. Nesse contexto, os vírus que apresentam uma atenuação moderada são os que apresentam maior vantagem evolutiva. Conseguem atingir uma concentração alta, mas como levam mais tempo para matar os coelhos (além disso, matam menos), os animais ficam mais tempo expostos à picada de mosquitos, facilitando a propagação desses vírus moderadamente atenuados.

Há nitidamente uma pressão seletiva favorecendo os coelhos que são resistentes à infecção. Animais que adoecem e não morrem, transmitem seus genes adiante. Além disso, mesmo dentre os animais que não morrem, aqueles que adoecem menos ou se recuperam mais rapidamente, ficam menos tempo expostos a ação de predadores, além de recuperar sua capacidade de reproduzir-se mais rapidamente.

A atenuação do vírus foi observada coletando-se animais doentes na natureza e recuperando-se o vírus a partir desses animais. Em seguida utilizava-se esse vírus para infectar outros coelhos em laboratório, e percebeu-se que sua letalidade era menor do que aquele que foi inicialmente inserido na população. O surgimento de resistência de coelhos selvagens foi observado ao se capturar esses animais e infectá-los com o vírus, verificando-se que os mesmos apresentavam uma suscetibilidade menor à doença quando comparados aos animais de laboratório (que não tinham sido expostos a mesma seleção).

O exemplo do vírus da mixomatose e os coelhos da Austrália mostra que ambas as espécies empreenderam em uma corrida armamentista em que ambos se beneficiaram; o vírus tornou-se mais eficiente em propagar-se na população, enquanto os coelhos tornaram-se mais resistentes à infecção.

Também há um exemplo bastante ilustrativo dessa guerra armamentista envolvendo seres humanos e patógenos. A malária (como será visto mais adiante no livro) é uma doença grave, cujo parasita causador infecta hemácias, que são as células responsáveis pelo transporte de oxigênio. Ao mesmo tempo, uma doença conhecida como anemia falciforme é causada por uma alteração genética no gene da hemoglobina (proteína que está dentro da hemácia na qual o oxigênio se liga para ser transportado). A anemia falciforme é caracterizada pela produção de hemácias com a morfologia alterada (em forma de foice), que compromete muito a vida do indivíduo. No entanto, quando o indivíduo possui apenas um dos genes com a mutação, metade das hemácias é normal e metade possui a forma de foice. Esta condição é conhecida como traço falcêmico (ou traço falciforme). Pessoas com o traço falciforme são mais resistentes à malária (proteção de 60% a 80%) o que fez com que esse gene que confere resistência à doença se tornasse muito mais frequente na África, local endêmico da enfermidade. Quando a pessoa carrega os dois genes alterados ela sofre uma doença grave, mas quando só uma das cópias está presente, isso confere resistência a uma doença que também é grave. A seleção natural fez o resto![17-19]

Além do traço falciforme, a talassemia uma doença associada a redução da síntese das moléculas que formam a hemoglobina, apresenta uma distribuição geográfica bastante similar à distribuição da malária, a qual também confere alguma resistência. Indivíduos com tipos sanguíneos O também são menos suscetíveis à infecção pela malária, enquanto os do tipo A são mais suscetíveis (este tipo sanguíneo apresenta baixa frequência em diversos locais endêmicos de malária). Além dessas alterações, há outras, como algumas relacionadas à alteração do metabolismo da hemácia e que se correlacionam com algum grau de proteção contra a malária. Portanto, a malária está entre as pressões ambientais que mais influenciaram a evolução (no sentido biológico) da espécie humana nos últimos milhares de anos.[17-19]

6. Por que preciso tomar vacina para a gripe todo ano?

A gripe é uma doença que vem acompanhando a humanidade por um longo período. Uma mesma pessoa pode ser infectada diversas vezes durante a vida, e consequentemente apresentar diversos episódios de gripe. A gripe sazonal, geralmente não gera maiores complicações em indivíduos adultos saudáveis, contudo idosos, crianças e pessoas com doenças crônicas, mulheres grávidas, e vários outros grupos que apresentam algum comprometimento do sistema imune, são especialmente suscetíveis às complicações. Como infecta muita gente, mesmo com uma baixa mortalidade, a gripe mata entre 300 a 500 mil pessoas por ano no mundo, e causa milhões de hospitalizações.[20] Além disso, existem subtipos que circulam na Ásia e apresentam alta letalidade entre humanos, como por exemplo, o H5N1 (que possui uma mortalidade de aproximadamente 60%)[21] e o H7N9 (com uma mortalidade por volta dos 30%).[22]

O vírus da influenza (causador da gripe) possui duas proteínas na sua superfície, a hemaglutinina (H) e a neuraminidase (N), sendo que cada uma dessas proteínas possui diversos subtipos. Além disso, dentro de cada subtipo, essas proteínas ainda apresentam variação. A nomenclatura dos vírus da influenza é baseada nessas proteínas. Por exemplo, o vírus do subtipo H3N2 possui a hemaglutinina do subtipo 3 e a neuraminidase do subtipo 2. A hemaglutinina possui 18 subtipos e a neuraminidase possui 11, lembrando ainda que as duas proteínas apresentam variação dentro dos subtipos; dessa forma existem, por exemplo, diversos vírus H1N1 diferentes. Quando uma pessoa é infectada por um subtipo do vírus da gripe, ela fica imune a este vírus, e também a subtipos muito semelhantes (pelo menos parcialmente). Apesar de geralmente a infecção não gerar uma resposta imune que proteja o indivíduo contra a infecção de subtipos muito divergentes, a doença geralmente é mais branda nessas pessoas. Se você for infectado por um H1N1 e alguns meses depois for infectado por um H3N2, provavelmente você terá uma doença mais branda, em decorrência principalmente da resposta imune celular. Essa resposta é baseada na semelhança entre as proteínas situadas no interior do vírus, que possuem uma variação muito menor dentre os diversos subtipos, quando comparada com aquela relacionada a hemaglutinina e a neuraminidase. Por serem mais semelhantes entre os diferentes vírus, essas proteínas são ditas conservadas.

A imunidade como vimos não é algo imutável, e tende a declinar durante o tempo. Portanto, uma mesma pessoa pode ser infectada pelo mesmo subtipo do vírus da gripe, se o período entre as infecções for longo o suficiente. Indivíduos que já foram expostos a várias infecções e possuem um repertório imunológico contra o vírus da gripe, tendem a estarem mais protegidos, ainda que um vírus que cause uma pandemia seja um vírus completamente novo, com a hemaglutinina e neuraminidase completamente diferentes. Essa imunidade parcial (que tende a estar presente, mas não é uma regra) é baseada principalmente como já dito, nas proteínas mais internas do vírus, em um mecanismo de resposta imune celular. No entanto, vale a pena ressaltar que anticorpos ainda que não neutralizantes podem ajudar nessa resposta, por favorecer a destruição do vírus por células do sistema imune.

A vacina para gripe mais amplamente distribuída atualmente é a de subunidade, onde a hemaglutinina é principal componente a oferecer imunidade. Ao tomar esta vacina, o corpo do vacinado produz anticorpos contra essa proteína, ajudando a conferir proteção contra a infecção. No entanto, o gene dessa proteína sofre muitas mutações, fazendo com que a proteína se modifique constantemente. Essa mudança pode ser rápida o suficiente para você tomar a vacina em um ano e no outro o vírus circulante já ser outro. Desta forma, os anticorpos serão incapazes de reconhecerem e se ligarem na hemaglutinina, e, portanto, não conferem imunidade (ou confere menos).[23] A figura a seguir representa os motivos para a necessidade de atualização da vacina para a gripe:

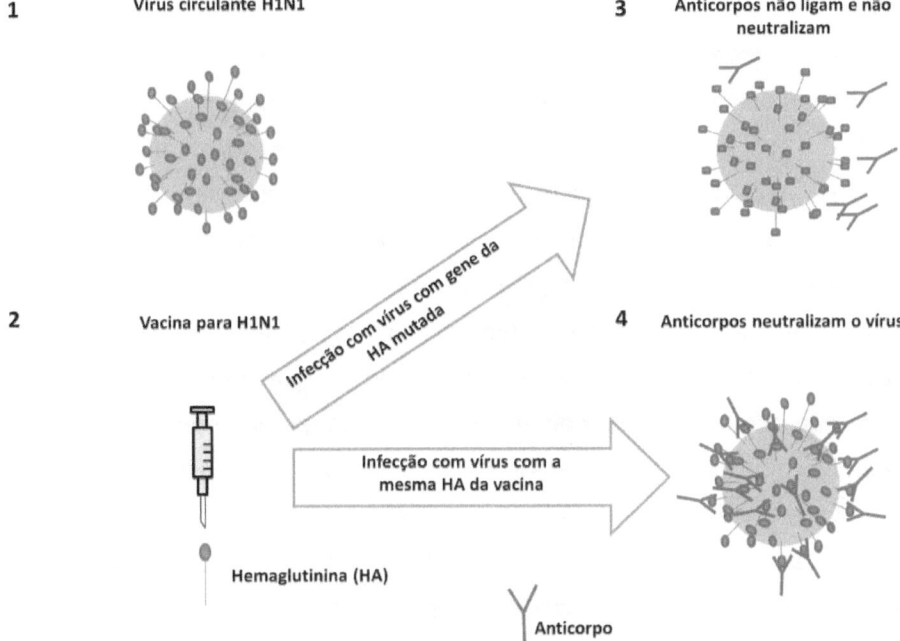

Figura 5. 1- vírus circulante; 2- formulação da vacina para o vírus circulante; 3 – vírus com mutação que os anticorpos não neutralizam; 4 – vírus sem mutação que os anticorpos neutralizam.

7. Patógenos e suas maneiras de se safarem do sistema imune

Vimos que o sistema imunológico é capaz de criar memória, e se tornar apto a responder mais rapidamente em caso de reencontro com o patógeno. Isso permite desenvolver vacinas para nos proteger de doenças, mas não de todas. E vamos entender o porquê.

Vírus podem possuir material genético de DNA ou de RNA. O material genético baseado em RNA possui uma baixa fidelidade replicativa, ou seja, na hora dele ser replicado para formar novos vírus, cópias alteradas (mutadas) deles são incorporadas nas novas partículas. Se ocorre muitos erros durante essa transmissão de informação, uma grande variação nas proteínas dos vírus vai surgir (já que a informação para produzi-las está no material genético). Isso nos permite concluir o seguinte fato: os vírus que infectam e propagam-se no hospedeiro durante uma infecção, não são exatamente uns iguais aos outros, mas formam uma população de patógenos com variações genéticas. Esse conjunto variado do mesmo agente infeccioso é chamado de quasiespécie (também conhecidos como nuvem ou enxame mutantes). Essa variabilidade impõe uma dificuldade enorme ao sistema imune, que pode ocasionar a reinfecção diante de vírus mutantes (como a gripe) e na impossibilidade do sistema imunológico em debelar a infecção pelo HIV (vírus da imunodeficiência humana). Falaremos sobre HIV-1 que é mais patogênico do que o HIV-2 (que é mais restrito a África, sendo muito menos predominante que o HIV-1 fora deste continente).

  O caso da gripe ainda será abordado mais para frente neste livro, portanto, vamos ver o que acontece no caso da síndrome da imunodeficiência adquirida (AIDS). O HIV-1 é um vírus que possui a capacidade de integrar o seu material genético ao material genético celular, gerando uma infecção latente. Uma vez que esse processo é realizado, a célula fabrica novos vírus indefinidamente, pois a informação necessária para isso foi ardilosamente inserida pelo vírus. As células infectadas são os já mencionados linfócitos TCD4+, que possuem um papel fundamental tanto na geração da resposta imune humoral quanto na resposta imune celular. A AIDS caso não tratada leva a deterioração progressiva da população de células TCD4+ do indivíduo, tornando-o imunosuprimido e suscetível a uma enormidade de infecções oportunistas, que culminarão no óbito. Esse desfecho não é uma regra atualmente, pois a terapia medicamentosa embora não cure, controla a doença.

Mas porque o sistema imune do hospedeiro não consegue eliminar a infecção? Isso se dá em decorrência da imensa variabilidade genética do HIV-1, fazendo com que o sistema imune não consiga gerar um repertório de resposta que seja eficiente para neutralizar toda a quasiespécie viral. Em uma pessoa infectada pelo HIV-1, 1 bilhão de novas partículas virais são geradas diariamente.[24] Células TCD8+ e anticorpos contra-atacam a infecção, mas diante de um adversário com tantas caras como o HIV, essa resposta não é suficiente. Essa alta taxa de mutação, também dificulta o tratamento, pois ao se inserir um medicamento tende-se a selecionar mutantes que consigam escapar de sua ação. No entanto, quando o vírus sofre mutações frente a um tratamento (isso é ocasionado por seleção; os vírus que não são inibidos pelo medicamento passam a informação genética adiante e começam a aumentar sua frequência na população viral que parasita o hospedeiro), isso geralmente tem um custo. O custo geralmente é a diminuição do *fitness* viral, ou seja, na capacidade do vírus em infectar, replicar e evadir o sistema imune hospedeiro. Esse é um dos motivos pelo qual não se deve parar o tratamento, pois ao retirar o medicamento, também retira-se a pressão que seleciona vírus com menor *fitness*.[24-27]

Toda essa imensa variabilidade do vírus, impõe uma grande dificuldade na produção de uma vacina eficiente. Afinal, se o próprio sistema imune não consegue eliminar a infecção, no que a vacina deve se basear? Ainda não se sabe se será possível, um dia, obter-se uma vacina contra o HIV-1. Inicialmente tentaram-se utilizar antígenos recombinantes, baseados na proteína do envelope do vírus (env), para posteriormente se apostar na resposta de TCD8+, retornando, em seguida, ao desenvolvimento de vacinas baseadas em anticorpos. Sabe-se atualmente, que há anticorpos com grande capacidade de neutralizar uma variedade enorme de vírus do HIV-1, demonstrando, portanto, que há epítopos conservados no vírus. Combinações desses anticorpos podem neutralizar quase 100% dos vírus *in vitro*, e podem vir ser a chave para uma possível vacina. O vírus, no entanto, possui alguns mecanismos para escapar de anticorpos, como as rápidas mutações que modificam suas proteínas, a proteção sob um escudo de moléculas que esconde as regiões de epítopos (e dificulta o reconhecimento pelo sistema imune), a flexibilidade da estrutura das proteínas, chamada de mascaramento conformacional, entre outras. Em relação ao mascaramento conformacional ele se dá, pois os anticorpos reconhecem regiões com determinada conformação, e, se esta conformação se altera, eles não conseguem mais reconhecê-las. Portanto, uma vacina contra a AIDS terá que superar essas dificuldades, para que um dia possa existir uma forma de ficar imune a esta doença. [24-27]

Uma vacina em fase III aparentemente gerou uma proteção parcial contra a infecção pelo HIV-1. O teste clínico chamado RV144 foi realizado em duas províncias da Tailândia com alta prevalência de infecção pelo vírus, entre os anos de 2003 e 2006. A vacinação foi constituída de um vetor viral com três genes do HIV seguida por um reforço com uma vacina com a proteína do envelope. Portanto, a ideia era combinar a resposta imune celular (induzida pela primeira vacina) com uma resposta humoral (induzida pela segunda). Comparado com o placebo, esse esquema de vacinação foi capaz de diminuir a infecção em 31,2%. Dos que receberam placebo, 74 adquiriram o HIV-1, contra 51 dos que receberam a vacina. Nos indivíduos vacinados que foram infectados, não houve menor carga viral, o que indica que a primeira dose da vacina que estimularia a resposta de TCD8+, não atingiu o resultado desejado, e que a proteção foi obtida basicamente pela segunda dose que estimulou a produção de anticorpos e, portanto, impediu a infecção. Os resultados demonstram uma vacina de baixa eficácia, no entanto, uma baixa eficácia é melhor que eficácia nenhuma. Apesar disso, há questionamentos sobre se realmente os dados foram significativos do ponto de vista estatístico. [24-27]

Não são somente os vírus que impõe grandes dificuldades ao sistema imune. A malária é uma doença causada por protozoários e que está distribuída por regiões tropicais e subtropicais do planeta, atingindo a África, Ásia e Américas. É transmitida por picadas de fêmeas de mosquito do gênero *Anopheles,* e os agentes causadores da doença são protozoários do gênero *Plasmodium*, sendo o mais comum o *Plasmodium falciparum*. Uma vez introduzidos na corrente sanguínea pela picada do mosquito, os parasitas chegam ao fígado, onde se reproduzem e se maturam. Após a proliferação no fígado, o parasita volta a corrente sanguínea e infecta as hemácias. Os parasitas proliferam-se intensamente no interior das hemácias, até romperem completamente a membrana celular, escapando e buscando outras células para infectarem. A malária geralmente causa dores de cabeça e nas articulações, febre, anemia, vômitos e outros sinais inespecíficos. Os ataques paroxísticos são clássicos sinais da doença, com ciclos de sensações súbitas de frio, seguidas de febre.

Metade da população mundial está sob risco de contrair malária que, em 2015, causou 212 milhões de casos e 429 mil mortes.[28] A maior parte dos casos da doença e das mortes ocorreram na África. Uma vez cessados os sintomas da malária, estes podem reaparecer, seja por reinfecção pelos parasitas, ou porque estes não foram eliminados totalmente da corrente sanguínea, ou ficaram "adormecidos" no fígado e voltaram a ocasionar a doença. Além disso, a resistência à medicação antimalárica está se tornando cada vez mais comum.[28]

Só existe uma vacina atualmente para a malária, a RTS,S/AS01 (Mosquirix®), no entanto, é de baixa eficácia (26%-50%) e necessita de 4 doses, e também não gera uma resposta de longa duração. É uma vacina recombinante baseada em uma proteína do *Plasmodium falciparum* (em sua fase anterior a infecção das hemácias) associada ao antígeno de superfície do vírus da hepatite B. A vacina produz anticorpos que bloqueiam a infecção de células do fígado pelo parasita e induz a imunidade celular, com a destruição das células infectadas.[28,29]

Mesmo a infecção natural pelo parasita não garante imunidade de longa duração aos infectados, daí a dificuldade de se produzir uma vacina que induza tal resposta. Em 1900, Robert Koch analisou a quantidade de parasitas da malária no sangue (parasitemia) em pessoas de duas populações da Indonésia, e observou que em uma das populações onde a presença do parasita era mais intensa, a parasitemia era menor. Kock concluiu que essa proteção contra malária ocorria em consequência da pesada e ininterrupta exposição ao parasita. Anos mais tarde concluiu-se que essa imunidade contra a malária ocorria em indivíduos expostos a grandes quantidades do parasita por muitos anos; esta imunidade desaparecia quando a exposição ao parasita era eliminada; era específica ao patógeno; e o grau de proteção era proporcional ao grau de exposição. Mais tarde observou-se que a grande exposição por longos períodos pode levar a algum grau de imunidade para outros parasitas. No entanto, mesmo os indivíduos que foram infectados diversas vezes pelo parasita, nunca ficam completamente imunes a ele; de fato essas pessoas geralmente não adoecem, mas o parasita consegue infectá-los. Uma vez eliminada a exposição aos parasitas, a imunidade cai rapidamente. Outra hipótese para explicar essa imunidade ressalta que não é necessário um longo período de exposição, mas que basta uma exposição recente a grandes quantidades do parasita. A diversidade biológica dos parasitas, sua alta taxa de multiplicação e a dificuldade do sistema imune em manter uma resposta de longa duração, impõe uma grande dificuldade para a formulação de vacinas para a malária.[28-30]

Como vimos, a formação da memória imunológica é essencial para uma resposta mais efetiva em caso de reencontro com o patógeno. Mas há momentos em que essa resposta pode ser desvantajosa. Quando um indivíduo é infectado por um agente infeccioso e depois é infectado por outro muito semelhante (mas não exatamente o mesmo), o sistema imune pode utilizar as células de memória, e com isso diminuir uma nova resposta específica para o novo patógeno. Isso leva a um problema: apesar do patógeno ser muito semelhante, ele não é o mesmo, e ao utilizar as células de memória pode-se não estar se induzindo uma resposta tão eficiente quanto seria uma nova resposta específica. Essa característica de ficar mais limitado a memória imunológica ao invés de induzir um novo repertório imunológico, é chamada de pecado antigênico original (PAO).[31,32]

Esse fenômeno foi descrito inicialmente em 1953[33], quando observou-se que pessoas vacinadas para a gripe produziam uma grande quantidade de anticorpos para o vírus com quais tinham sido infectados na infância. Um estudo posterior em 1979 também observou esse fenômeno.[34]

É muito bem descrito na literatura científica que a infecção por um subtipo de vírus da influenza protege (ainda que parcialmente) contra outros subtipos. Essa proteção cruzada é vinda exatamente da memória imunológica (induzida por infecção ou vacinação). Na pandemia de gripe que houve em 2009, as pessoas que estavam vacinadas para o vírus que circulava antes, mas não estavam vacinadas para o vírus da pandemia sofreram menos hospitalizações e tiveram menos casos de doença grave quando comparadas às não vacinadas. Tanto o vírus que circulava antes da pandemia (para qual a vacina foi dada) quanto o que causou a pandemia eram do subtipo H1N1, e apesar de semelhantes, não eram o mesmo vírus.

Um estudo em camundongos mostrou que a vacinação ou infecção com um subtipo de H1N1 seguido pela infecção de outro subtipo de H1N1, leva os animais a uma pior resposta, por ficarem restritos a primeira e não desenvolverem uma resposta adequada a um vírus ligeiramente diferente.[31] Neste mesmo trabalho viu-se que a vacina inativada em particular, prevenia essa resposta prejudicial. Outro estudo em porcos mostrou que a vacinação para o H1N2 produzia anticorpos que ao invés de inibirem o H1N1, aumentavam a sua atividade, e isso aumentava a infecção pelo vírus![35]

Outra doença descrita como tendo relação com o PAO é a dengue. A infecção pelo vírus da dengue pode ser assintomática ou pode resultar em um quadro grave conhecido como febre hemorrágica da dengue. Quatro sorotipos do vírus causam a doença, e uma vez infectado por um dos sorotipos, o indivíduo torna-se imune a ele. No entanto, evidências têm mostrado que no caso do indivíduo ser infectado a segunda vez por vírus de outro sorotipo, a chance de se desenvolver a febre hemorrágica é maior. A hipótese mais aceita para esse aumento nos casos mais graves em uma segunda infecção é a de aumento da infecção viral dependente de anticorpo. Isso significa que os anticorpos produzidos na primeira infecção e estimulados pelas células de memória no caso de infecção por outro sorotipo, aumentam a infecção ao invés de inibi-la.[36,37]

A infecção pelo vírus da dengue não gera somente anticorpos que aumentam a infecção de outros sorotipos do vírus da dengue, mas também para o vírus da zika.[38] E a recíproca é verdadeira, anticorpos para o vírus da zika aumentam a infecção para o vírus da dengue.[39] Como hipótese, é possível que a presença de um dos vírus em uma determinada população favoreça a presença do outro, pois ao aumentar a infecção viral, aumenta-se a viremia (quantidade de vírus no sangue) favorecendo a transmissão para o mosquito que é o vetor da doença.

Outra suposição pode ser feita: uma vacina para a dengue deve necessariamente proteger contra os quatro sorotipos. De fato, a vacina atualmente disponível (Dengvaxia®), protege contra todos. No entanto, a relação entre os anticorpos contra o vírus da dengue com o aumento na infecção do vírus da zika pode vir a ser uma variável a ser considerada para a vacinação da dengue.

A vacina Dengvaxia® além disso, apresentou resultados peculiares nos testes clínicos. Ela foi testada em dois grandes testes de fase 3, um no sudeste asiático[40] e outro na América Latina.[41] Em ambos ela demonstrou eficácia de 60% em relação aos indivíduos que não receberam vacina. Além disso, mostrou-se associar-se com a diminuição dos casos graves. A vacina também se mostrou mais eficiente em indivíduos soropositivos (que já apresentavam anticorpos pra dengue) antes de receberem a vacina, e foi menos eficaz nos indivíduos soronegativos (que não tinham anticorpos antes de tomar a vacina).[42] No entanto, em 2015 (no terceiro ano de acompanhamento dos testes),, resultados mostraram que os indivíduos do grupo mais jovem (entre 2 e 5 anos) no teste do sudeste asiático, apresentavam um risco maior de hospitalização em decorrência de dengue, se tivessem sido vacinados.[43] Ou seja, para esta faixa etária, ao se tomar a vacina, o risco de complicações por dengue tornou-se maior (cerca de sete vezes maior). Também verificou-se que a produção de anticorpos em indivíduos que já eram soroconvertidos antes da vacinação foi aproximadamente 10 vezes maior do que nos indivíduos que eram soronegativos antes da vacinação. Além disso, a quantidade de anticorpos caiu rapidamente nos soronegativos.[42]

Portanto, para a Dengvaxia o que se observou foi que para os indivíduos que já eram soroconvertidos a vacina foi muito eficaz, com uma redução no risco de ser hospitalizado em decorrência de dengue em mais de 90%, enquanto que os indivíduos soronegativos que recebem a vacina apresentam um risco maior de serem hospitalizados por dengue. Portanto, a vacina muito provavelmente é afetada pela dinâmica de transmissão do vírus em diferentes populações. Indivíduos em regiões com alta prevalência da doença possivelmente se beneficiarão do uso da vacina, pois a maior parte dos indivíduos são soroconvertidos (pois já entraram em contato com o vírus), enquanto que em regiões de baixa circulação do vírus, a vacinação poderia se associar ao risco aumentado de complicações. Além disso, deve-se levar em consideração a idade dos indivíduos; quanto mais jovem, maior a probabilidade do indivíduo nunca ter entrado em contato com o vírus e, portanto, ser soronegativo, estando possivelmente mais suscetível à complicações no caso de ser vacinado.[42]

CAPÍTULO IV

Complicações das vacinas: separando mitos da realidade

1. Monitorando os efeitos colaterais

As vacinas são de longe os alvos de maior desconfiança dentre os produtos da indústria farmacêutica, no entanto, estão entre os mais seguros e testados. Muita especulação é feita nos meios de comunicação, e muita das vezes existe pouca preocupação com a veracidade ou base científica do que é veiculado por eles. A vacina perfeita seria aquela que imunizasse 100% de quem a recebesse, sem nenhum efeito colateral. No entanto, no mundo real essa vacina não existe, e reações adversas são sim um fato. Mas o que é mito e o que é verdade? É isso que veremos neste capítulo.

As primeiras campanhas contra a vacinação datam do período da vacina contra a varíola, onde muitos se opuseram por medo, motivos religiosos, filosóficos ou contra a obrigatoriedade estipulada pelo estado. A obrigatoriedade fere a liberdade de escolha do indivíduo, portanto, a vacinação compulsória é uma violação da liberdade individual. Cabe ao indivíduo toda e qualquer decisão sobre seu corpo (incluindo se recusar a vacinar-se) e não ao estado. Mas é necessário divulgar a informação e a ciência, e estas devem buscar conscientizar a população dos riscos e benefícios das vacinas.

O sistema mais conhecido para coletar informações sobre reações adversas das vacinas é o Vaccine Adverse Event Reporting System (VAERS)[1], que traduzindo é um Sistema de Registro de Eventos Adversos de Vacinas. Este é um sistema nacional de vigilância nos Estados Unidos, que é conduzido pelo CDC e pelo Food and Drug Administration (Administração de fármacos e alimentos) (FDA). Atua como um sistema de aviso precoce, a fim de detectar possíveis problemas na segurança de vacinas. Foi criado em 1990, e qualquer indivíduo pode enviar dados de reações adversas de vacinas para este sistema; desde profissionais da área de saúde e produtores da vacina ao público em geral. Se algum sinal de problema com a segurança de alguma vacina for detectado, pesquisas podem ser conduzidas para analisar o risco. De acordo com o próprio VAERS, cerca de 30 mil relatórios são entregues anualmente, sendo que entre 85%-90% destes descrevem efeitos adversos leves, como febre, dores no braço, choro e irritabilidade. Entre 10 a 15% dos relatórios descrevem efeitos adversos classificados como sérios, o que indica que esses efeitos colaterais podem estar associados a alterações permanentes, hospitalizações, condições que ameaçam a vida e que podem levar à morte. Mas de acordo com o VAERS, quando esses eventos ocorrem após a vacinação, eles, por poucas vezes, foram realmente causados pela vacina.

Como o próprio VAERS descreve, há pontos fortes e limitações neste sistema. Dentre os pontos fortes está a abrangência geográfica, o fato de qualquer indivíduo poder relatar os efeitos adversos, os dados serem públicos e acessíveis a qualquer um, e a possibilidade de detectar precocemente riscos associados a alguma vacina. Entre as limitações está a incapacidade (geralmente) de descobrir se a vacina está associada ao evento adverso descrito, falta de detalhes nos relatórios, o viés de eventos mais graves serem mais comumente relatados, o aumento de relatórios em resposta a atenção da mídia e a impossibilidade de usar os dados para calcular a frequência de efeitos colaterais na população. Apesar das limitações, graças aos relatórios do VAERS foi percebido que uma vacina utilizada para o rotavírus causava intussuscepção (quando partes do intestino dobram-se sobre si mesmas, de forma similar como as partes de um telescópio se recolhem uma sobre a outra).[1,2] Esta vacina foi retirada do mercado.

A manutenção de um alto índice de vacinação se torna difícil pelo próprio sucesso das vacinas; conforme a frequência de determinada doença torna-se menor, o risco percebido de ficar doente diminui, e os efeitos adversos das vacinas são levados cada vez mais em consideração.[3] Alguns estudos buscaram avaliar a proporção de efeitos colaterais que as pessoas consideram toleráveis para as vacinas; em um deles foi mostrado que as mães aceitariam um efeito adverso entre 100 mil e 1 milhão de vacinações, enquanto 14% não aceitariam nenhum risco de efeitos colaterais graves.[4] Outro trabalho mostrou que 23% das pessoas somente aceitariam serem vacinadas se o risco de reações adversas fosse zero.[5] Essa aversão ao risco acaba por expor os indivíduos a um risco maior, pois a probabilidade de sofrer complicações ao não ser vacinado (se expondo ao risco da infecção) na maioria das vezes irá superar a probabilidade de complicações associadas à vacinação. Por exemplo, em um surto de sarampo nos EUA entre 2014 e 2015, as pessoas não vacinadas foram as principais afetadas.[6] Sabe-se também que em países onde a vacinação para pertússis (coqueluche) declinou em decorrência dos receios da vacina, a incidência desta doença era de 10 a 100 vezes maior do que nos países que mantiveram uma ampla cobertura da vacina.[7]

2. Vacinações e suas complicações

A maior parte dos efeitos adversos associados à vacinação são leves, e não causam consequências graves ao indivíduo. Boa parte destes efeitos colaterais são comuns entre os diferentes tipos de vacinas, e inclui dor no local da vacinação, mal estar e febre. Efeitos colaterais graves também ocorrem, e são muito mais raros. A morte ocorre raríssimas vezes, e geralmente em indivíduos que apresentam alguma condição que os deixa mais vulneráveis a esse desfecho. A anafilaxia (uma reação alérgica grave e que progride rapidamente) pode potencialmente ocorrer após qualquer vacinação, e em alguns casos pode ser fatal, no entanto é extremamente incomum. As informações sobre os efeitos colaterais das vacinas podem ser encontradas tanto no site da OMS[8] como no site do

CDC.[9] Apesar dos efeitos adversos mais leves serem mais comuns e associados a praticamente todos os tipos de vacinas, será dada mais ênfase aos efeitos graves, visto que são esses os que são alvo de maior preocupação.

Algumas vacinas produzem efeitos adversos mais frequentemente, como por exemplo, a vacina para difteria, tétano e pertússis (coqueluche) que causa febre e dor no local da vacina em até uma em cada quatro crianças vacinadas. No entanto, as doenças para as quais estas vacinas protegem são graves, com mortalidade alta. Reações graves são muito mais raras, com menos de 1 caso a cada 1 milhão de vacinações. Entre estas reações encontram-se a lesão cerebral permanente e coma. Estes efeitos são tão raros que é difícil estabelecer a relação de consequência com a vacinação.[8,9]

A relação entre os casos da síndrome de Guillain-Barré, (síndrome que é caracterizada por fraqueza muscular que surge subitamente em decorrência de uma resposta imune contra o sistema nervoso periférico) e a vacina para gripe é muito difícil de ser estabelecida.[9] Em 1976, houve relação entre a vacinação e os casos da síndrome (discutido mais a frente). Estudos sobre outras campanhas de vacinação para a gripe ou não encontraram nenhuma relação com a síndrome de Guillain-Barré ou somente um risco levemente aumentado, em torno de 1 para 1 milhão. Ainda que esse risco seja real, isso não superaria os riscos das complicações da gripe.

Um evento curioso ocorreu na última pandemia de gripe (2009), quando foi observada uma relação entre a vacinação e casos de narcolepsia.[10-12] A narcolepsia é uma doença neurológica crônica incurável, caracterizada pela incapacidade do cérebro em regular o ciclo do sono, causando sonolência diurna excessiva, afetando de forma negativa a qualidade de vida do indivíduo. A vacina Pandemrix®, distribuída na

Europa, foi associada a casos de narcolepsia, o mesmo não tendo sido observado em relação a vacina Focetria®, também produzida durante a pandemia de 2009. Em adição, observou-se também que casos de infecção pelo vírus da influenza A H1N1 (que causou a pandemia de gripe em 2009) também relacionou-se com casos de narcolepsia na China.[13] Descobriu-se que uma proteína do vírus (chamada de nucleoproteína) induz a produção de anticorpos que interagem com receptores de células controladoras do ciclo do sono. A vacina Pandemrix® por apresentar maiores concentrações dessa proteína, associava-se a narcolepsia, enquanto a vacina Focetria®, não. Portanto, tanto a vacinação com a Pandemrix® como a infecção pelo H1N1, mostraram associação com a narcolepsia. A vacinação atual para gripe não apresenta essa relação. Também não há relação entre os adjuvantes utilizados na vacina com os casos de narcolepsia, visto que os mesmos adjuvantes foram usados em vacinas que não tiveram nenhuma relação com esta doença.

    A associação da vacinação para a gripe com a narcolepsia em decorrência da reação cruzada de anticorpos (anticorpos dirigidos contra o antígeno da vacina reconhecendo e se ligando em estruturas do próprio indivíduo) levantam uma questão: antígenos que possuem uma **sequência de aminoácidos nas proteínas** parecidas ou iguais as das nossas próprias proteínas, podem levar a **doenças autoimunes**. Esse não é um problema somente das vacinas, visto que os patógenos para quais elas visam proteger também possuem essas proteínas (como foi visto na associação de infecção pelo H1N1 e narcolepsia). De fato, há diversos indícios de que o surgimento de algumas doenças autoimunes estão associadas com infecções por diferentes patógenos, como diabetes do tipo I, esclerose múltipla, síndrome de Guillain Barré, doenças reumáticas entre outras.[11] Muitas doenças autoimunes são classificadas como idiopáticas (sem causa conhecida), e na verdade a causa pode ter sido alguma infecção ou vacinação. A doença autoimune neste caso não surgiu por uma ação direta do patógeno em si, mas pela produção de anticorpos contra proteínas do agente infeccioso que possui sequências de aminoácidos muito similares à proteínas de nosso próprio organismo. A utilização de vacinas com essas partes do patógeno podem ocasionar o mesmo problema. Alguns exemplos podem ser citados, como a relação da vacinação para hepatite B com casos de esclerose múltipla e a relação da vacinação para HPV com falência ovariana primária, ataxia cerebelar aguda, hepatite autoimune e neurite.[14]

Sequência de aminoácidos das proteínas - as proteínas são moléculas formadas por estruturas menores, chamadas de aminoácidos. A sequência de aminoácidos relaciona-se com as propriedades químicas e com a forma da proteína. Uma analogia é com as peças de Lego®, onde cada peça seriam os aminoácidos e a estrutura total formada seria a proteína.

Doenças autoimunes - são doenças causadas pela reação imunológica con-tra células e tecidos do próprio organismo. Exemplos destas doenças, é o diabetes do tipo I e o lúpus eritematoso sistêmico.

A vacina tríplice viral (sarampo, caxumba e rubéola) pode causar raramente a trombocitopenia (diminuição na contagem de plaquetas), com risco de 1 caso a cada 30 mil vacinações, mas geralmente não gera maiores complicações. Essa vacina, estima-se, apresenta um risco de causar encefalite em menos de 1 caso a cada 1 milhão de doses, risco pelo menos 1000 vezes menor do que o causado pelo sarampo. A vacina quádrupla (que acrescenta o vírus da catapora na formulação da vacina tríplice) apresenta efeitos colaterais semelhantes. Casos de reações graves, como surdez e lesão cerebral permanente, ocorrem em menos de 1 caso a cada 4 milhões de vacinações, número imensamente inferior do que a doença sobre a qual elas têm efeito protetor.[9]

A vacina oral atenuada para poliomielite (Sabin) apresenta a vantagem de não ser injetável, em comparação com a vacina inativada (Salk), no entanto, está associada ao risco de causar paralisia. Além disso, em locais com baixa cobertura da vacina, o indivíduo vacinado pode favorecer a disseminação do vírus. Isto ocorre porque na vacina atenuada, o vírus é replicado na pessoa que recebeu a vacina, possibilitando que os vírus sofram mutações que os tornem patogênicos novamente (reversão vacinal). O uso da vacina oral está tendo o seu uso descontinuado. Como a poliomielite está erradicada na maior parte do mundo, a vacina inativada que não apresenta estes riscos, passou a ser largamente utilizada. O risco de paralisia na vacina atenuada é maior na primeira dose, quando o indivíduo ainda não apresenta imunidade contra o vírus. O risco de paralisia varia de 1 caso a cada 700 mil até 1 caso a cada 3,4 milhões de vacinações (primeira dose).[15] Apesar dos riscos (que são pequenos), a vacinação erradicou a poliomielite na maior parte do mundo. Provavelmente, a erradicação global da poliomielite é questão de tempo.

Após o indivíduo recuperar-se da poliomielite, em alguns casos ele pode vir a desenvolver muitos anos depois uma condição chamada de síndrome pós-pólio. Esta síndrome caracteriza-se por fraqueza muscular progressiva, atrofia, dor e fadiga. Um artigo relata o caso de um paciente de 52 anos com síndrome pós-pólio, após ter desenvolvido poliomielite após a vacinação com a vacina Salk (a inativação do vírus não foi realizada corretamente).[16] O mais impressionante é o espaço de tempo: o referido paciente apresentou poliomielite após a vacinação com 1 ano de idade, e a síndrome pós-pólio apareceu mais de 50 anos depois!

Uma questão polêmica relacionada à vacina para a pólio é a contaminação com o vírus oriundo de primatas chamado SV40. Esse vírus esteve presente em algumas culturas celulares onde o vírus da poliomielite era propagado para ser usado nas vacinas. Entre os anos de 1953 e 1965, milhões de pessoas receberam a vacina contaminada com o vírus em diferentes partes do mundo (EUA, Canadá, África e Europa). Este vírus infecta algumas espécies de macacos naturalmente. A grande questão é que o vírus SV40 causa a transformação em células *in vitro* (assumem características de células malignas) e, além disso, causa tumores em roedores. O vírus esteve presente tanto na vacina atenuada quanto na inativada (resistiam a inativação química). Uma grande controvérsia desde então em torno desse assunto tem ocorrido, com a possibilidade de que o vírus seja capaz de induzir diferentes tipos de câncer em humanos. No entanto, nos mais variados estudos que já foram realizados, nunca se obtiveram respostas conclusivas. O vírus SV40 é transmitido de um ser humano para outro, possivelmente por via oro-fecal, sexual ou hematológica (pelo sangue) (não necessariamente por todas as vias). Amostras de DNA do vírus SV40 já foram encontradas em amostras de tumores humanos, no entanto, também já foram encontradas em pessoas muito jovens ou muito velhas para terem recebido as vacinas contaminadas (o vírus poderia circular na população antes da vacinação ou esses indivíduos foram infectados por outras pessoas que receberam a vacina). Talvez isso ajude a explicar a ausência de diferença na incidência de câncer nas pessoas que receberam ou não as vacinas contaminadas. A questão de que o vírus SV40 relaciona-se com câncer ou não em humanos ainda está em aberto. Se estiver relacionado (o que ainda não se sabe), possivelmente muitas pessoas podem ter desenvolvido câncer após a infecção pelo vírus SV40 presente nas vacinas contaminadas.[17-20]

A vacina Rotashield® para rotavírus foi licenciada em 1998 e retirada do mercado no ano seguinte, em decorrência de casos de intussuscepção. A vacina se relacionava com um caso de intussuscepção a cada 11000-16000 doses (primeira dose) nos EUA.[21] As vacinas agora utilizadas apresentam um risco consideravelmente menor (RotaTeq® e Rotarix®), com 1 caso entre 20 mil a 100 mil vacinações.

3. Mortes

Historicamente há incidentes relacionados à segurança das vacinas. Um relato que ficou bastante conhecido foi o "incidente de Cutter", em 1955. Neste incidente, houve uma falha na produção da vacina Salk, usada contra a poliomielite, onde a inativação do vírus não foi realizada de forma correta, levando a que vírus infecciosos permanecessem na formulação final da vacina. O uso desta vacina incorretamente formulada resultou em 40 mil casos de poliomielite, levando a 51 casos de paralisia e 5 mortes entre os indivíduos vacinados. Além disso, houve centenas de casos de paralisia e 5 mortes entre pessoas que entraram em contato com os vacinados. Em consequência dessa vacinação desastrosa, o EUA implementou monitoramento e vigilância mais rigorosos de vacinas.[15,22,23]

Em 1976, sob o risco de uma pandemia de gripe, o EUA implementou uma vacinação em massa, com uso de aproximadamente 45 milhões de doses em 10 semanas. A vacinação foi abruptamente interrompida, quando foi identificado um número alto de casos de síndrome de Guillain-Barré entre os vacinados. Estima-se que a vacina causou 1 caso dessa síndrome a cada 100 mil vacinações, causando 53 mortes. Em decorrência desse fato, as vacinas para gripe são monitoradas para casos de síndrome de Guillain-Barré.[15,24]

Em 1919, várias crianças adoeceram após a vacinação para difteria, e 5 morreram em decorrência da vacinação. A causa foi a contaminação da vacina. Em 1928, 12 crianças morreram na Austrália após também receberem vacina para difteria e a causa também foi a contaminação dos lotes. Em 1948, mais de 600 crianças adoeceram após receberem a vacina para difteria, e 68 morreram. A causa do problema foi a inativação incorreta da toxina, que ao permanecer ativa, causou a doença para qual pretendia proteger.[25,26]

Em 1901 em St Louis, EUA, ocorreu outro grande desastre envolvendo a imunização para difteria. Crianças doentes eram tratadas com o soro de cavalos que tinham sido imunizados contra a toxina diftérica e, portanto, apresentava anticorpos que neutralizam a atividade desta toxina. O soro de um animal que possui anticorpos contra um determinado antígeno é chamado de antissoro, e a transferência de soro de um indivíduo vacinado para outro que não foi vacinado é denominado imunização passiva (já que o indivíduo não produz os anticorpos, ele os recebe). Este é o mesmo princípio do tratamento contra as picadas de animais peçonhentos. Voltando ao caso, após uma criança ser diagnosticada com difteria, o médico a tratou com o antissoro contra a toxina diftérica, assim como dois dos seus irmãos mais novos de forma preventiva. Dias mais tarde a criança piorou, e o médico ao avalia-la constatou que esta apresentava tétano, e a criança faleceu no dia seguinte. Seus dois irmãos também faleceram. O tétano causa profundo sofrimento, com espasmos musculares terríveis. No total, 13 crianças morreram em decorrência deste tratamento. Este terrível evento foi causado pela contaminação do soro pela toxina tetânica (o cavalo no qual se retirou o soro estava com tétano). Neste mesmo ano, também houve contaminação com a bactéria do tétano na vacina para a varíola na Filadélfia, que resultou na morte de cinco crianças. [25,26]

Em 1942, milhares de pessoas do exército americano foram vacinadas para a febre amarela. Após a vacinação, vários casos de icterícia (pele em tom amarelado em decorrência de alteração do funcionamento do fígado) apareceram. A causa foi a contaminação da vacina pelo vírus da hepatite B e C, já que naquela época se utilizava soro de sangue humano para estabilização da vacina. Houve mais de 50 mil casos de hepatite, e 150 mortes agudas. [15, 23,27]

Em 1929, houve uma vacinação desastrosa na Alemanha, que ficou conhecida como o desastre de Lübeck. O desastre foi marcado pela morte de 72 crianças após a vacinação oral para tuberculose com a vacina BCG. Considerando que apenas 251 crianças foram vacinadas, a mortalidade foi extremamente elevada. Após a vacinação, um total de 173 crianças exibiram sinais clínicos de tuberculose. A causa das mortes foi a contaminação da vacina pela bactéria causadora da tuberculose (*Mycobacterium tuberculosis*) nos laboratórios de Lübeck. Após esse episódio, muitos levantaram a possibilidade que na verdade a causa não teria sido a contaminação da vacina, mas a reversão vacinal, já que trata-se de uma vacina atenuada. No entanto, esta possibilidade já foi conclusivamente desmentida.[15,23,28]

Entre as mortes após a vacinação na infância no início da década de 1990 relatadas ao VAERS, a maior parte foi considerada coincidência, não sendo a vacina o agente causador do óbito. Houve uma morte devida à infecção pelo vírus usado na vacina (vacina atenuada para poliomielite) em um bebê de 3 meses de idade que morreu em decorrência de miocardite.[15] Em outro estudo que analisou 1266 mortes reportadas ao VAERS entre os anos de 1990 e 1997[29], constatou-se que aproximadamente metade das mortes foi em decorrência de síndrome da morte súbita infantil (SMSI). No entanto, entre os anos de 1993 e 1996 as mortes por SMSI diminuíram mesmo com um maior número de crianças sendo vacinadas, quando houve a campanha para posicionar as crianças de costas na hora de dormir (o que relaciona-se a menor propensão a morte súbita). A SMSI é influenciada por uma série de fatores, e neste estudo também foi encontrado que 16,8% das crianças tinham baixo peso ao nascer (comparado com a média americana de 7,2%), o que sabidamente aumenta a propensão à morte durante os primeiros dois anos de vida. Um estudo de 2013 avaliou a taxa de mortalidade, entre 1 e 2 meses após a vacinação, comparando 13 milhões de indivíduos vacinados com a população em geral, e observou que entre os vacinados a mortalidade foi menor e as causas de morte foram muito similares.[30] A ausência de relação entre vacinação e morte já tinha sido observada anteriormente.

Um grupo mais preocupante em relação à vacinação, é o de pessoas imunodeprimidas. Por apresentarem um sistema imunológico menos eficiente e com dificuldades em eliminar infecções, vacinas atenuadas podem representar um risco maior para elas. Dois estudos diferentes relatam a morte de duas crianças imunodeprimidas que receberam vacina atenuada para catapora.[31,32] Também ocorreram pelo menos 6 mortes de indivíduos imunocomprometidos, em decorrência da vacinação para o sarampo.[33]

Mortes também já ocorreram após a vacinação para a febre amarela, em uma complicação rara chamada doença viscerotrópica associada à vacina, com sintomas muito semelhantes aos da febre amarela. O início dos sintomas ocorre aproximadamente 1 semana após a vacinação, e inclui febre, mal estar, vômitos e dores musculares, com mortalidade de 63%. Mais de 60 casos já foram reportados, com uma média de 0,4 casos a cada 100 mil vacinações. Outra complicação associada à vacina para a febre amarela é a doença neurológica associada à vacina, mas raramente é fatal. Ambas as complicações são mais frequentes em pessoas acima dos 60 anos, sendo esta uma precaução a ser tomada para esta vacina. Além disso, a vacina só é atualmente recomendada para pessoas que trabalham laboratorialmente com o vírus ou que vivem ou irão viajar para áreas endêmicas da doença.[34]

Como descrito anteriormente, a vacina para a poliomielite também está associada a complicações. É causada principalmente pela vacina oral (Sabin), composta pelo vírus atenuado, que por esses riscos se encontra em desuso, em fase de substituição paulatina pelo uso exclusivo de vacina inativada. A paralisia apesar de ser rara, é um evento bem descrito. As mortes são extremamente raras; nos EUA, entre 1980 e 1989, ocorreram 80 casos de paralisia associada à vacina, com duas mortes após o aparecimento da paralisia.[35]

Mais recentemente, em 2014, pelos menos 15 crianças morreram na Síria após receberem vacina contra o sarampo. A causa das mortes foi a contaminação da vacina.[36,37]

É importante salientar que as agências nacionais de saúde dos diferentes países trabalham com casos confirmados de mortes e reações graves. As estimativas são baseadas nestes dados, no entanto, há de se ressaltar que muito provavelmente reações adversas e mortes ocorram sem que sejam relatadas as agências de seus respetivos países. O inverso, embora também possa ocorrer (casos de mortes e reações adversas associadas à vacinação sem que esta seja realmente a causa), possivelmente é menos provável. Como reações graves e mortes são incomuns, é muito difícil precisar sua real frequência. Além disso, sempre que há um possível conflito de interesse, deve se ter atenção redobrada com os dados. Governos podem mentir, e ter consciência disso nos permite a não depositar uma fé cega em absolutamente ninguém.

4. Proteção que depende da ocasião

Como já descrito neste livro, a gripe é uma doença infecciosa causada por diferentes subtipos do vírus da influenza. A vacinação é baseada nas proteínas situadas na superfície do vírus, a hemaglutinina e a neuraminidase. Ainda que tenha diferenças entre as vacinas, o mecanismo de proteção é essencialmente o mesmo: produção de anticorpos contra essas proteínas. Há também a vacina atenuada, de uso intranasal que produz proteção local na mucosa e resposta imune celular. Os estudos e os dados que vão ser descritos neste tópico são baseados principalmente na vacina inativada, que usa a hemaglutinina e a neuraminidase, o modelo de vacina mais largamente utilizado.

Uma questão intrigante que tem sido levantada é: uma vacina para gripe poderia proteger contra um subtipo de vírus, mas prejudicar a resposta imune contra outro subtipo? Os parágrafos seguintes lhe ajudarão com essa questão.

Em um trabalho de 2009, pesquisadores vacinaram camundongos, e em seguida infectaram estes animais com uma dose não letal do mesmo subtipo de vírus utilizado na vacina.[38] Como esperado, os animais vacinados não adoeceram, enquanto os animais que não receberam vacina ficaram doentes. Após essa primeira parte do experimento, eles voltaram a infectar os camundongos, mas agora com um vírus de um subtipo diferente do utilizado na vacina, e em uma dose letal. O que aconteceu foi o seguinte: os animais que foram vacinados lá no início do experimento, adoeceram e morreram quando foram infectados com o vírus diferente daquele para o qual tinham sido vacinados. E os não vacinados? Sobreviveram a infecção! Ficou surpreso? Calma que tem mais!

Os pesquisadores resolveram repetir exatamente o mesmo experimento, mas agora utilizando furões ao invés de camundongos.[39] E o que aconteceu? Bingo! Os animais vacinados novamente se saíram pior! Os autores permaneceram persistentes e agora fizeram o mesmo experimento, mas ao invés de utilizar a vacina baseada na hemaglutinina e na neuraminidase, usaram uma vacina inativada que usa o vírus inteiro.[40] O resultado? Você já deve imaginar: os animais vacinados ficam protegidos contra a infecção contra o mesmo subtipo, mas ao serem infectados com o vírus do subtipo diferente, adoeceram e morreram. Os não vacinados apesar de adoecerem na primeira infecção, na segunda infecção com o vírus letal, sobreviveram. A figura a seguir ilustra e resume o modelo experimental (o trabalho original é mais detalhado).

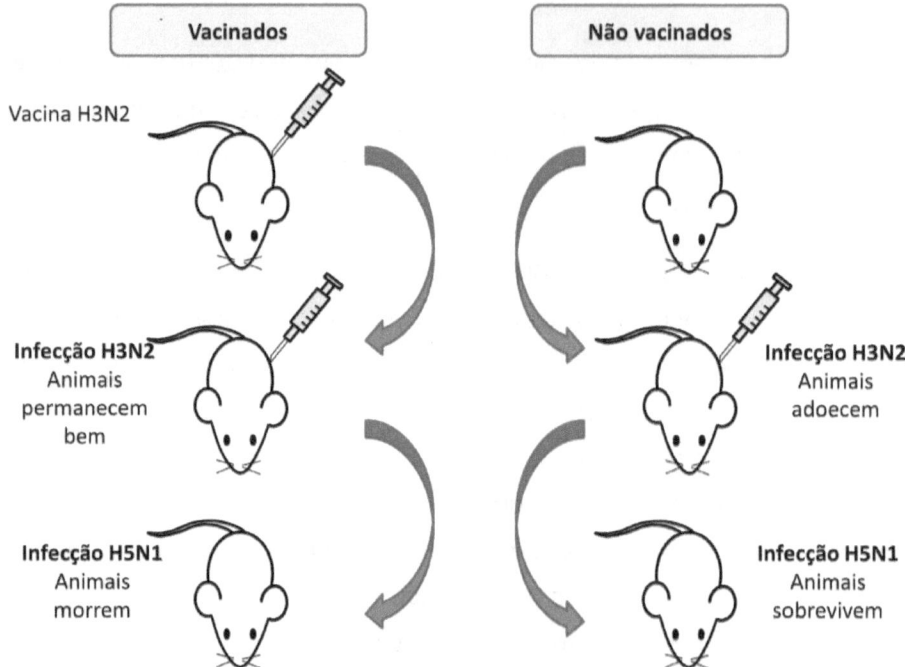

Figura 6. Esquema de vacinação e infecção. Animais vacinados apresentaram pior resposta ao final do experimento.

Esses resultados embora inesperados possuem uma explicação plausível. A primeira parte do experimento em que os animais são infectados com o mesmo vírus utilizado para fazer a vacina é fácil de explicar: vacinados ficam protegidos e não adoecem e os não vacinados não estão protegidos e adoecem. A segunda parte é que intriga: afinal, porque os animais que foram inicialmente vacinados morrem diante uma infecção com um vírus diferente do usado na vacina enquanto os não vacinados sobrevivem? A resposta vem do mesmo mecanismo utilizado na primeira vacina da história.

Como visto no primeiro capítulo, a primeira vacina utilizada para varíola, não era baseada no vírus da varíola, mas sim no vírus da varíola bovina. A proteção que a infecção de um vírus confere a infecção por outro vírus é chamada de resposta imune cruzada (ou também chamada de resposta heterosubtípica). O vírus da gripe tem uma série de proteínas no interior do vírus, que são muito mais semelhantes, entre os diferentes tipos de vírus da influenza do que as proteínas da superfície do vírus, que são utilizadas para fazer as vacinas. Assim, a infecção por um subtipo de vírus da influenza pode ajudar a prevenir ou diminuir a severidade dos sintomas de uma infecção por outro subtipo. Obviamente, essa proteção cruzada não é 100% eficaz, por isso ficamos gripados várias vezes durante a vida, mas ela existe e pode pelo menos ajudar a diminuir a severidade dos sintomas numa infecção por outro subtipo. Outro fator a ser ressaltado, é o quão diferente os vírus são entre si. Por exemplo, mesmo existindo vários subtipos de vírus H1N1 diferentes, eles são certamente mais semelhantes entre si, do que um H1N1 e um H3N2. Mas o que isso tem a ver com os experimentos da vacina pra gripe? Estamos quase lá!

Os animais vacinados quando eram infectados com o mesmo vírus utilizado na vacina, rapidamente eliminavam o vírus, pois eles estavam imunes. Essa imunidade era baseada na produção de anticorpos contra as proteínas da superfície do vírus. Como o vírus não conseguia estabelecer uma infecção, os animais vacinados não desenvolveram uma resposta imune celular (se você não lembra o que é, veja novamente no capítulo III) contra as proteínas internas do vírus, que como já foi dito, são mais semelhantes entre os diferentes subtipos. Quando eram infectados com uma dose letal de um vírus diferente, eles não tinham proteção e sucumbiram à infecção. E os não vacinados? Os não vacinados quando expostos a primeira infecção com o vírus no qual a vacina era baseada, adoeciam, pois não tinham proteção alguma. O vírus se replicava nos camundongos e causava doença, mas, contudo, não causava uma infecção letal, e os animais se recuperavam. Quando estes mesmos animais eram infectados com o vírus de outro subtipo em dose letal, eles conseguiam desenvolver uma resposta cruzada, já que a replicação do outro vírus permitia que estes desenvolvessem uma resposta imune celular contra as proteínas internas do vírus. A vacina preveniu o desenvolvimento da resposta imune cruzada, tornando os animas vacinados mais suscetíveis à infecção por um subtipo divergente do usado na vacina.

Mas será que isso acontece com humanos? Por questões éticas esses experimentos não podem ser realizados em humanos, mas se avaliando a resposta imune em indivíduos vacinados e não vacinados a resposta é: sim. Os mesmos autores avaliaram marcadores que indicam resposta imune cruzada em grupos de crianças vacinadas e não vacinadas.[41] Observaram que nas crianças vacinadas esta resposta era muito menor do que nas crianças que não receberam vacina. Isso indica que as crianças vacinadas apesar de estarem protegidas contra o vírus atualmente circulante, no caso de uma pandemia com vírus da gripe de alta patogenicidade (como o H5N1 ou H7N9) possivelmente estariam sob maior risco. Em adultos também já foi demonstrado que a infecção pelo vírus sazonal estimula a resposta imune celular que pode proteger contra subtipos pandêmicos de maior letalidade,[42,43] portanto, a vacinação também poderia estar afetando essa resposta.

Esses resultados geram um receio compreensível em relação à vacinação para a gripe, pois gera um temor de se estar mais exposto à complicações caso seja infectado por um vírus pandêmico, por exemplo. Há uma série de considerações a serem feitas sobre isso. Uma delas, é que os animais em laboratório são submetidos a doses letais de vírus muito patogênicos. É possível que ocorra uma pandemia de gripe com um vírus de alta letalidade, mas geralmente os vírus de alta letalidade são menos transmissíveis que os vírus da gripe sazonais. Portanto, ainda que um evento dessa magnitude seja possível, aparentemente ele é improvável. Pandemias de gripe acompanham a humanidade por muito tempo, e muito provavelmente enfrentaremos outras ainda pela frente. No entanto, a infecção pelo vírus sazonal é muitíssimo mais provável do que a infecção por um novo vírus pandêmico. Sob esta perspectiva, as crianças vacinadas estão mais protegidas, visto que estão imunes contra o vírus com que provavelmente têm maior chance de serem infectadas. Mas, o cenário de circulação de um novo vírus da gripe no qual os indivíduos vacinados estariam mais expostos, não deve ser descartado.

De fato, a vacina atual para gripe é limitada, e necessita em muito de melhorias. O que se busca atualmente é uma vacina dita universal, que proteja contra diversos subtipos simultaneamente. Muita pesquisa existe em relação a vacina para a gripe, e possivelmente teremos melhores modelos no futuro.

5. A vacina causa autismo?

Talvez você já tenha ouvido falar que alguma vacina cause autismo. Talvez tenha ouvido na televisão de algum jornalista que aparentemente passa alguma autoridade no assunto, ou de alguém que se diz especialista. Na verdade, pouco importa se você ouviu isso do zé na esquina ou de algum cientista, pois na ciência a autoridade são os fatos e não as opiniões. Os fatos permitem a nós mesmos entendermos a natureza e, sobretudo, como aprendermos a não sermos enganados. Portanto, vamos a eles.

Em 1998, um artigo científico intitulado "Ileal-lymphoid hyperplasia, non-specific colitis, and pervasive developmental disorder in children"[44] foi publicado na revista *The Lancet*. O trabalho analisou 12 crianças com idade de 3 a 10 anos e com desenvolvimento normal, que passaram a apresentar alterações comportamentais, como perda de habilidades na linguagem, e alterações intestinais. Os pais associaram o início dos sintomas, observados em 8 de 12 crianças, com a aplicação da vacina tríplice viral. Entre as alterações comportamentais relatadas, o autismo foi observado em 9 crianças, considerado pelos autores como uma consequência de encefalite pós-vacinação. O trabalho termina relatando que não foi provada a relação entre vacinação e as alterações observadas, mas que estudos de virologia estavam em andamento para resolver a questão. Com este artigo, uma atmosfera de desconfiança foi lançada, e com a repercussão do trabalho, muitas crianças deixaram de ser vacinadas. Essa história terminou com a retratação pelos autores do artigo, com a demonstração das falhas, fraudes, inconsistências e conflitos de interesse.

O artigo relata que as crianças começaram a apresentar os sinais de alteração após a vacinação. A idade de vacinação para a vacina tríplice e a idade em que geralmente se diagnostica o autismo em crianças são próximas, o que dificulta em dizer que as alterações estão sendo causadas pela vacinação. Para ficar mais claro, imagine que exista uma doença hipotética que faz com que as unhas das crianças caiam. Vamos supor também que uma grande proporção das crianças são vacinadas com a vacina tríplice. Então, um hospital analisa 15 crianças que as unhas caíram e observa que a maioria delas (ou até mesmo 100% delas) tomaram a vacina tríplice. Assim como o trabalho publicado no *The Lancet*, relacionam a queda das unhas com a vacinação. Mas veja, uma coisa simplesmente explica isso: probabilidade. Afinal, como a maioria das crianças tomou a vacina, é mais provável encontrar crianças em que as unhas caíram e que tomaram a vacina, do que crianças que as unhas caíram, mas que não tomaram a vacina. Para se resolver isso, é necessário que se tenham os grupos controles, que o trabalho não apresentou. E como seriam esses grupos e o que eles nos permitiram observar? Essa é nossa próxima etapa.

Os grupos controles permitem eliminar ou pelo menos reduzir as variáveis, ou seja, identificar com mais exatidão o quê está causando o quê. Portanto, para podermos concluir alguma coisa deveríamos ter os seguintes grupos:

- Grupo 1: crianças que **não** tiveram queda das unhas - se a vacinação não tiver relação com a queda das unhas, a maioria das crianças em que as unhas não caíram teriam sido vacinadas, pois de maneira geral a maioria das crianças tomam a vacina. Se a vacinação induz a queda das unhas, será esperado encontrar um número proporcionalmente maior de crianças que perderam as unhas entre as que tomaram a vacina.

- Grupo 2: crianças que tiveram queda das unhas - Esse grupo estava incluído no trabalho que avaliou o autismo após a vacinação (crianças com autismo após vacinação), mas como o grupo anterior (crianças sem autismo após vacinação) não estava presente, seria impossível fazer alguma comparação. Fazendo uma analogia com nosso exemplo, você só saberia das crianças que tomaram a vacina e as unhas caíram, mas não saberia das crianças que tomaram a vacina e as unhas não caíram.

Além disso, o autismo era uma condição que já existia antes da vacina tríplice (portanto, têm outras causas), e uma grande proporção das crianças com autismo tinham sido vacinadas. Se a vacina fosse a causa (afetando uma grande proporção das crianças como o trabalho sugere), era de se esperar um grande aumento nos casos de autismo, visto que muitas crianças eram vacinadas. O fato desse aumento não ter sido observado, reforça a ideia de que foi erro metodológico. Outros arranjos de grupos poderiam ser feitos como, por exemplo, crianças vacinadas x crianças não vacinadas, e dentro desses grupos analisar as diferenças de frequência de crianças com autismo. Sempre é necessário se realizar comparações com controles para se chegar a uma conclusão, coisa que o trabalho não fez.

Como sempre ocorre na ciência, quando um resultado de grande impacto é publicado, logo outros grupos de pesquisadores testam a hipótese e colocam o resultado à prova. Com esse resultado não foi diferente. Em 1999, um grupo de pesquisadores comparou as taxas de autismo em crianças antes e após a introdução da vacina tríplice viral.[45] Os autores também publicaram no *The Lancet,* e não encontraram nenhuma relação entre a vacinação e o autismo. Outro trabalho realizado na Califórnia (EUA) também não encontrou nenhuma relação entre a vacina e os casos de autismo.[46] Em um estudo realizado em 2015 comparando irmãos (em um total de milhares de indivíduos), também não foi encontrada nenhuma relação.[47] E além desses trabalhos, há outros que analisaram a questão, e não encontraram nenhuma associação.[48,49]

Em 2004, 10 dos 12 autores do trabalho em que relacionavam o autismo à vacinação se retrataram, onde escreveram que *"nenhuma associação entre a vacinação e o autismo foi estabelecida, em decorrência de dados insuficientes".*[50,51] Além disso, a revista onde o trabalho foi publicado revelou que o primeiro autor do artigo não tinha declarado interesses financeiros, os quais eram claros pelo financiamento recebido, através de advogados responsáveis por ações judiciais de pais contra empresas produtoras de vacinas.[51,52] Em 2010, a revista *The Lancet* se retratou completamente pelo trabalho, alegando que vários elementos eram incorretos.[53] Por fim, os autores foram considerados culpados por fraude científica.

Ainda hoje um grande número de pessoas acredita na relação entre a vacina tríplice e os casos de autismo. O trabalho original que mostrava essa relação foi demonstrado ser uma fraude, com os autores sendo considerados culpados por má conduta científica e falsificação. Vacinas podem apresentar efeitos colaterais? Claro que podem, mas esses casos devem ser estudados a fundo para se buscar uma resposta. O que sabemos hoje, é que apesar desse trabalho ainda influenciar a mente de muitas pessoas, ele é uma farsa; uma completa fraude.

6. Tomando uma atitude racional sobre a vacinação

Qualquer pessoa pode abster-se (e se isso não é permitido em algum lugar, deveria ser) de ser vacinado pelo motivo que for. No entanto, o que proponho aqui, é um exercício racional, onde o indivíduo tome a decisão onde ele melhor preserve sua saúde.

Há um viés que favorece o temor exacerbado da vacina, que é o de causa e efeito. Se uma vacina causar a morte de alguém, isso não é difícil de ser percebido. Logo irão aparecer manchetes na tv, internet e jornais dizendo que uma pessoa morreu após tomar a vacina. Mas se, no entanto, uma vacina protege a população contra uma doença e salva vidas, isso não vira manchete. Afinal, não é possível pegar uma pessoa saudável e falar: essa pessoa tomou a vacina e não morreu, a vacina é um sucesso! Mas obviamente muitas das pessoas que são vacinadas entram em contato com o agente causador da doença, e por estarem imunes não adoecem, ou adoecem de forma muito mais branda. Mas nós não temos como saber quem são essas pessoas, e então elas não viram manchete. Dessa forma, temos uma impressão desproporcional de que os riscos são maiores que os benefícios.

Então vamos supor que ocorra uma pandemia de uma doença X. A doença X mata 5% dos infectados, e infecta 20% da população. Como o país está alardeado pela pandemia, uma grande vacinação em massa é realizada, e algumas mortes associadas à vacina já foram observadas. Ao se fazer um estudo, observou-se que há uma chance em 1 milhão de alguém morrer em decorrência da vacinação. Ao ficar sabendo dos casos de mortes e constatar que um estudo confirmou a possibilidade de morte após a vacinação, você decide não tomar a vacina. O que você acabou de fazer foi na verdade aumentar em muito a chance de terminar a pandemia morto.

Por um cálculo simples, multiplicando as chances de morte ao ser infectado (5%) com a chance de ser infectado (20%), temos: 0,05 x 0,2 = 0,01, ou seja, você tem uma chance de 1% de morrer, ou uma chance em 100. Sua chance de morrer ao tomar a vacina é de uma em 1 milhão. Neste caso, ao não tomar a vacina você aumentou sua chance de morrer em 10 mil vezes! Muitos podem argumentar que essa situação hipotética é improvável, e realmente é. Mas uma probabilidade mil vezes menor do que a do exemplo citado, ainda deixaria o indivíduo não vacinado com uma chance 10 vezes maior de morte. Ainda que fosse "apenas" o dobro do risco, seria muito mais arriscado não se vacinar.

Para se fazer justiça, o raciocínio inverso também deve ser levado em consideração. Imagine que uma doença rara cause uma mortalidade de 20%, mas, no entanto, no país em que você mora não há casos da doença há 15 anos. A vacina para esta doença causa uma morte a cada 200 mil doses aplicadas (o que é extremamente alta para os padrões atuais), e você não vai viajar para nenhum local onde ela esteja presente. Os países vizinhos ao seu também não apresentam a doença há mais de uma década, e não há nenhum indício de que a doença vá voltar. Se a mortalidade é de um caso a cada 200 mil doses, supõe-se que efeitos colaterais graves, mas que não levam a morte sejam significativamente mais comuns. Neste caso, não tomar a vacina pode ser uma decisão racional. Mas este também é um evento muito improvável, pois dificilmente você terá uma vacina com essa mortalidade, e, além disso, é raro (para não dizer impossível) ter tamanha certeza de quando uma doença irá reaparecer ou não.

Portanto, ao decidir sobre uma vacina, não pense somente na chance que você vai ter de morrer ao tomar a vacina, mas pense também na chance que você vai ter de morrer se não tomar. Muito dificilmente você encontrará alguma situação em que ao tomar a vacina a sua chance de morte ou complicações será maior do que a chance de morrer ou ter complicações em decorrência da doença. Portanto, tomar a vacina será sobretudo, na grande maioria das vezes, uma decisão racional.

7. Uma reflexão

Algumas lições podem ser tiradas do trabalho que associou a vacina ao autismo. Artigos científicos e a ciência não são infalíveis. Artigos científicos, mesmo em revistas científicas de prestígio podem ser vitimas de fraude, erros metodológicos ou interpretação equivocada dos dados. Portanto, não aceite, por exemplo, uma interpretação que o autor do trabalho dê, se os seus resultados não suportam sua afirmação. Lembre-se, a autoridade não é a opinião do cara de jaleco branco ou do cientista da NASA, mas os fatos. Isso não significa que não devamos prestar atenção no que eles falam. Sim devemos, afinal eles entendem muito mais do que estão falando do que as pessoas que não trabalham na área dele. Mas se as opiniões dele não estiverem condizentes com os fatos, não são os fatos que devem mudar, e sim as opiniões. A verdade não é uma democracia.

Talvez soe meio estranho essa confissão de que a ciência possa falhar, mas este é um dos seus princípios. Chamamos isso de falseabilidade, ou seja, a possibilidade de algo poder ser demonstrado falso. No caso do trabalho que vinculava a vacinação ao autismo, sua hipótese foi demonstrada falsa. Mesmo os conceitos mais fundamentais da ciência, como a gravidade, eletricidade, evolução e tantas outras seguem esse princípio. Sabemos que estes conceitos são reais, pois resistiram a anos de experimentação que colocaram seus conceitos à prova. Embora por essência elas possam ser falseadas um dia, o conjunto de evidências que as corroboram são tão fortes, que as chances são praticamente nulas. Você não vê alguém saltando de um prédio (sem intenção de suicídio) por acreditar que a gravidade é falsa.

Na ciência, uma hipótese ou teoria (sim são coisas diferentes, mas isso daria outro livro) é mais creditada se for corroborada por diversos trabalhos e por diferentes grupos. Quando um grupo de pesquisadores descobre algo importante, eles vão lançar a informação, mas continuarão pesquisando o assunto para confirmação dos dados. Além disso, outros grupos que pesquisam na mesma área também vão investigar o tema. E imagine só, deve ser uma sensação particularmente boa demonstrar que o argumento de outro grupo que pesquisa na sua área está errado. Esse pequeno prazer é muito saudável para a ciência.

Embora a ciência possa errar, ela nos deu uma gama gigantesca de benefícios até hoje, sendo, portanto, a fonte mais confiável que temos para descrevermos e entendermos a natureza. E quando a ciência falha, ela mesma se encabe de demonstrar as falhas. Um mundo sem todas as conquistas científicas até hoje, seria tremendamente pior. Imagine um mundo sem anestesias, vacinas, antibióticos, analgésicos, eletricidade e tantas outras conquistas?

E onde se encontram as vacinas nisso tudo? As vacinas podem causar efeitos adversos (ainda que muito raramente), que geralmente ganham grande notoriedade na imprensa. Afinal, não há como mostrar alguém perfeitamente saudável e dizer que a vacina salvou sua vida. Não é algo tão demonstrável quanto uma cirurgia cardíaca que poupa a vida de alguém. Mas imagina quantas pessoas perfeitamente saudáveis sucumbiram à varíola, ou quantas crianças sadias sucumbiram à poliomielite? Olhe a sua volta e veja quantas vidas estão sendo poupadas, pois a varíola não mata e nem desfigura mais ninguém, e o medo da morte da poliomielite ou de suas complicações como a paralisia já não fazem mais parte de nossa memória. Imagine isso para todas as doenças para qual há vacinas.

Portanto, no banco dos réus, qual é o veredicto das vacinas? Bem, isso essencialmente tem relação de como você enxerga os fatos. Se você considerar as vacinas culpadas por já terem causado mortes e reações adversas, então sim, elas são culpadas. Mas as vacinas gozam de exacerbada desconfiança que não condiz com a realidade. Um número inimaginavelmente maior de pessoas já deixaram de morrer por conta das vacinas, do que morreram por culpa delas. As vacinas são inocentes na maior parte das acusações que se fazem a elas, mas não de todas. Como foi dito, os fatos são a autoridade, e não as opiniões. Os fatos é que sim, as vacinas podem levar a efeitos adversos, mas os benefícios trazidos pelas vacinas suplantam em muito os riscos por ela oferecidos.

.

CAPÍTULO V

O futuro das vacinas

1. O que esperar do futuro?

Quando olhamos para trás nos deparamos com as grandes conquistas que a vacinação alcançou. Ainda que tenha tido percalços, e ainda que sim, pessoas morreram em decorrência da vacinação, os dados que corroboram o uso das vacinas são avassaladores. O aumento da expectativa de vida, a erradicação global da varíola, a erradicação da poliomielite em quase todos os países (talvez algumas pessoas leiam esse livro após a erradicação global da pólio) e controle de diversas outras doenças. Tudo isso foi alcançado com métodos de vacinação relativamente simples, que não necessariamente deixarão de ser utilizados. Por exemplo, vacinas com patógenos inteiros inativados são simples e baratas, e possivelmente ainda serão utilizadas por algum tempo. No entanto, os métodos atuais possuem suas limitações e precisamos superá-las. Muitas das vacinas que existem hoje podem ser melhoradas, como as para gripe, dengue, malária e tuberculose. Outras vacinas ainda não existem, como para o HIV. Não somente doenças infecciosas são alvos de possíveis vacinas, mas também doenças degenerativas. Imagine em um futuro vacinas para vários tipos de câncer e para a doença de Alzheimer. Quantas pessoas teriam suas vidas drasticamente mudadas com essas vacinas?

A primeira grande era das vacinas começou com Pasteur, Koch e Jean Toussaint, que desenvolveram formulações com vírus atenuados e inativados. Estes princípios levaram ao desenvolvimento de vacinas contra o antraz, raiva, difteria, tétano, pertússis (coqueluche) e tuberculose (em crianças). A segunda grande era veio com o cultivo celular in vitro, na metade do século 20, que permitiu o desenvolvimento das vacinas inativada e atenuada para a poliomielite, e das vacinas para rubéola, sarampo, caxumba, rotavírus e catapora. Hoje já vivemos a realidade das vacinas recombinantes, de vetores virais e terapêuticas. Avanços serão feitos nos atuais modelos conforme a tecnologia avança, e, além disso, novos modelos irão surgir.

As vacinas do século XXI terão que lidar com um problema que as vacinas até o início deste mesmo século tiveram muita dificuldade em atuar: a grande variabilidade dos patógenos. As vacinas que atuam contra patógenos que possuem muita variabilidade ou necessitam ser multivalentes, como a vacina para o *Pneumococcus*, ou precisam ser constantemente atualizadas, como é o caso da vacina para a gripe ou, ainda, apresentam uma capacidade muito baixa de gerar proteção, como as vacinas para malária e dengue. No pior cenário, elas sequer existem, como é o caso da AIDS. Além disso, a maior parte das vacinas atuais é baseada em gerar proteção, basicamente, por estímulo da produção de anticorpos, com pouca participação das células T (com exceção das vacinas atenuadas). Portanto, novas formulações que estimulem esse tipo de proteção poderão chegar ao mercado.

As vacinas atualmente disponíveis de alguma forma mimetizam a infecção pelo patógeno, e, portanto, para as infecções que geram resposta protetora contra uma reinfecção, basicamente conseguimos resolver o problema. A grande questão são as infecções na qual o sistema imune não consegue gerar uma resposta protetora. Doenças que não geram essa resposta protetora após a infecção como a malária, aquelas causadas pelo vírus sincicial respiratório e *P. aeruginosa* ou que causam infecção latente persistente como o HIV, o vírus da hepatite C e *S. aureus*, precisam de abordagens de vacinas que vão além da resposta imune que naturalmente desenvolvemos.

Novas tecnologias e formas de produção de vacinas serão uma constante, e algumas já dão as suas caras. Neste capítulo veremos o que já começou a ser feito e o que deve vir pela frente. Para combatermos novos inimigos ou inimigos antigos que são resistentes às nossas atuais armas, precisamos de armas novas. E é isso que as futuras vacinas buscarão ser.

2. Vacinas baseadas em avaliação reversa e estrutural

Para falar sobre o que significa avaliação reversa e estrutural, não há como fugir do tema de como a nossa informação genética é guardada e como ela é expressa. Toda a informação que constitui quem nós somos está armazenada em estruturas denominadas DNA. Provavelmente, até aqui nenhuma surpresa, pois ouvimos falar rotineiramente desta estrutura. Para que a informação que está armazenada no DNA seja expressa, há uma série de caminhos a serem percorridos. O DNA é formado por duas fitas em uma hélice dupla, e é constituído por diversos blocos chamados nucleotídeos. A informação que está contida no DNA é expressa em sua versão final sob a forma de proteínas.[1] Mas como a informação que está no DNA vira proteína? Vamos descobrir! No final tem uma figura que vai facilitar tudo!

Os nucleotídeos são como tijolos que formam o DNA (e estão ligados a outras moléculas e formam as bases nitrogenadas), e contém a informação para gerar as proteínas que é a versão final da informação contida no DNA. Para que isso ocorra, inicialmente uma enzima copia essa informação e gera outra molécula que também é formada por nucleotídeos, denominada RNA mensageiro. Ou seja, a informação contida no DNA foi copiada para o RNA mensageiro, e tudo isso ocorre no núcleo da célula, mas o RNA mensageiro depois de formado sai do núcleo carregando a mensagem para a formação das proteínas (daí obviamente o seu nome).

Ele leva essa informação para as fábricas de proteínas da célula, chamadas de ribossomos. Lá a informação que está no RNA mensageiro é traduzida sob a forma de proteínas, por isso, esse processo é chamado de tradução.[1] Mas como uma informação consegue virar outra?

Como dito anteriormente, o DNA e o RNA são formados por nucleotídeos, no entanto, os nucleotídeos não são todos iguais aos outros. Há quatro deles: adenina, timina, citosina e guanina, que são representados pelas suas iniciais: ATCG. No DNA eles NÃO são organizados aleatoriamente; a A sempre se liga com T, e a C sempre se liga com G. Os nucleotídeos que estão no DNA são copiados para o RNA mensageiro, onde a timina é substituída pela uracila (mas pra efeito da informação final gerada na proteína isso não muda nada).[1]

Assim como os nucleotídeos são os tijolos do DNA, as proteínas também são formadas por tijolos, que são chamados de aminoácidos. Uma proteína é formada por uma sequência de aminoácidos, e diferentes proteínas possuem diferentes sequências dos mesmos. As diferenças nas sequências de aminoácidos das proteínas estão relacionadas com as diferenças nas sequências de nucleotídeos lá no DNA. Portanto, a sequência de nucleotídeos no DNA, determina a sequência de aminoácidos nas proteínas.[1]

Uma sequência de três nucleotídeos do DNA é responsável pela informação de um aminoácido. Portanto, quando a informação do DNA é copiada para o RNA mensageiro, é essa informação da sequência de nucleotídeos que está sendo levada para o ribossomo, para que ela seja traduzida em proteínas. O RNA chega no ribossomo carregando a sequência de nucleotídeos, e lá a cada 3 nucleotídeos, um aminoácido é adicionado na molécula da proteína. As combinações na ordem dos diferentes nucleotídeos é que dão a informação para qual aminoácido vai entrar na proteína.[1] É isso que você já deve ter ouvido falar como código genético!

Os aminoácidos possuem propriedades químicas distintas, e a interação entre eles na sequência da proteína e as interações deles com o ambiente irão determinar a conformação tridimensional que a proteína irá assumir. Como anticorpos podem reconhecer regiões com conformações específicas, a alteração em nucleotídeos na sequência do DNA (mutação), pode mudar a sequência de aminoácidos na proteína, que pode alterar a sua conformação, podendo fazer que o anticorpo não reconheça mais determinada região. E é por isso que patógenos que sofrem mutação podem escapar do sistema imune![1,2]

A figura a seguir mostra esse processo de maneira bem geral e simplificada. A sequência no RNA mensageiro foi escolhida de forma aleatória (na verdade para uma proteína seria necessária uma sequência bem maior), e não representa nenhuma proteína em particular, bem como o desenho da proteína no final é totalmente ilustrativo. Quando ocorre a síntese do RNA, o DNA se encontra aberto, mas na figura a imagem mostrada do DNA é em seu formato de hélice, para facilitar a compreensão do processo.

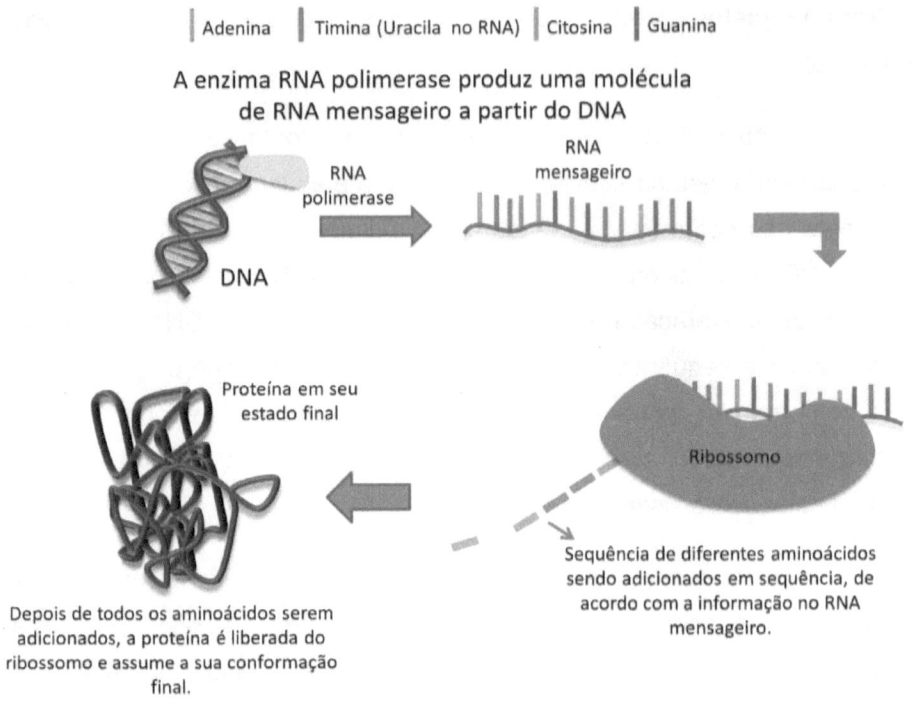

Figura 7. Código genético. Transformação da informação contida no DNA em seu formato final, expressa em proteínas

Com essas informações agora, fica simples chegar a uma conclusão: não é necessário conhecer a sequência da proteína; se você conhecer a sequência no DNA, a proteína pode ser produzida. Desta forma, com o sequenciamento genético dos mais diversos patógenos, é possível desenvolver vacinas baseadas no genoma, sem a necessidade de crescer os agentes infecciosos em laboratório. O desenho destas vacinas é baseado em avaliação reversa ou vacinologia estrutural reversa.

O primeiro patógeno a ser avaliado pela metodologia da vacinologia reversa foi o *Neisseria meningitidis* do tipo B (MenB), que causa aproximadamente 50% das meningites meningocócicas no mundo.

Esta bactéria era um alvo difícil para o desenvolvimento de vacinas, pois seus polissacarídeos são idênticos aos humanos (portanto, pouco capazes de gerar resposta imune) e as proteínas de sua superfície são extremamente variáveis. Nos anos de 1990, após diversas tentativas frustradas de desenvolver uma vacina eficiente, foi dado início o projeto de se sequenciar o genoma deste patógeno e utilizar essa informação no desenvolvimento de uma vacina. Sequências genéticas foram analisadas e centenas de potenciais antígenos foram testados. A análise de resposta imune em camundongos revelou diversas proteínas desconhecidas na superfície do MenB, sendo que várias delas eram capazes de estimular a produção de anticorpos eficazes contra a bactéria. Três proteínas (abrangendo três linhagens da bactéria) foram selecionadas e produzidas em laboratório, resultando na primeira vacina universal contra o MenB.[3-6]

É de se esperar que o uso dessa metodologia se torne cada vez mais frequente com o passar do tempo. Ela apresenta a grande vantagem de identificar possíveis candidatos a uma vacina que muitas vezes não é possível de ser apontada com a análise do patógeno. Além disso, produzir modelos de vacina sem a necessidade de se manipular o patógeno é fundamental nas pesquisas de vacinas para agentes de alta patogenicidade, que requerem laboratórios com alto nível de segurança. Além disso, permitem desenvolver vacinas mais específicas, utilizando partes do patógeno que estimulam uma imunidade mais eficaz e abrangente.

Baseado na vacinologia reversa, uma grande quantidade de proteínas pode ser sintetizada em laboratório, já que se sabe a sequência genética que codificam as mesmas. Isso permite obter esse material em alto grau de pureza e avaliar em detalhes a sua estrutura, sendo esta a base da vacinologia estrutural reversa. Ao se conhecerem os detalhes estruturais de uma proteína, é possível, por exemplo, estabilizá-la em conformações que otimizem a produção de anticorpos contra a mesma. Além disso, podem-se fazer alterações na estrutura da proteína para que a mesma seja mais eficiente na indução da resposta imune. O conhecimento mais detalhado da estrutura das proteínas pode levar ao desenvolvimento de vacinas mais específicas, e identificar regiões que sejam alvos de anticorpos que neutralizem diversos mutantes de um patógeno muito variável. Isso abre perspectiva para o desenvolvimento de vacinas para uma série de doenças.[3-6]

Análises estruturais permitiram, por exemplo, identificar uma única proteína capaz de proteger contra a MenB, e como já vimos, atualmente são necessários 3 antígenos. É possível que surja uma próxima geração de vacina, baseada em somente uma proteína que proteja contra a MenB e todas as suas variantes genéticas.[3-6]

O vírus sincicial respiratório (RSV) é um importante causador de infecções respiratórias em crianças e idosos. As tentativas, até hoje, para o desenvolvimento de uma vacina falharam, inclusive com casos de mortes em crianças, na década de 1960, após receberem vacina inativada por formalina. Além disso, uma vacina de subunidade com a proteína F (principal proteína que gera resposta imune contra o vírus) tem se mostrado difícil de produzir. A determinação estrutural da proteína F tem permitido a construção dessas proteínas em laboratório, em um arranjo mais estável e que também estimula a produção de anticorpos, podendo vir futuramente a se constituírem em uma vacina.[3,4]

As análises estruturais também tem permitido identificar regiões menos variáveis na principal proteína do vírus da influenza, a hemaglutinina. Futuramente, é possível que vacinas baseadas nessas regiões pouco variáveis diminuam a necessidade de atualização constante para a vacina. Para o HIV, há a possibilidade de se desenvolverem formas mais estáveis da proteína Env, tendo que superar também a imensa variabilidade desta proteína. Portanto, a vacinologia estrutural reversa pode vir a ser uma importante arma para patógenos que apresentem grande variabilidade em suas proteínas. O desenvolvimento racional pode identificar regiões da estrutura do patógeno onde essa variação seja menor, e partir daí, passar a se produzir as proteínas correspondentes a essas regiões, em laboratório.[3-6]

3. Vacinas sintéticas

As vacinas sintéticas diferem em um aspecto fundamental de todas as vacinas que foram abordadas neste livro até o momento: elas não são baseadas em nenhum antígeno. Elas são vacinas baseadas em DNA ou em RNA. O objetivo dessas vacinas é que o indivíduo vacinado produza, no seu próprio corpo, o antígeno. Para isso, a sequência do DNA ou do RNA mensageiro é estabelecida e usada para induzir a produção de antígenos para os quais se deseja imunizar. Após entrar nas células da pessoa vacinada, tanto o DNA quanto o RNA mensageiro conduzem à produção das proteínas de interesse. Como esses DNAs e RNAs induzem a produção de proteínas estranhas ao organismo, o sistema imune as detectam como ameaças e inicia uma resposta imune contra elas! [6-8]

Até o momento em que este livro está sendo escrito não há nenhuma vacina sintética licenciada para uso em humanos. No entanto, vacinas de DNA já demonstraram ser eficientes em uma série de animais, e já há vacinas de DNA licenciadas para uso veterinário. Em humanos, entretanto, apesar de promissora, estudos pré-clínicos mostraram baixa resposta imune, associada a uma baixa entrada de DNA na célula. No entanto, já há abordagens que buscam eliminar essa limitação, com bons resultados. Além disso, a vacina de DNA tem mostrado ser eficiente, quando usada em regime heterólogo de duas doses. Você já deve estar se perguntando o que significa isso, mas apesar do nome complicado é um conceito muito simples: é uma vacina em duas doses, onde o modelo da vacina usada na primeira dose é diferente da segunda. Por exemplo, na primeira dose pode-se utilizar a vacina de DNA, e na segunda dose uma vacina de vetor viral. Esse esquema de vacinação heteróloga, usando a vacina de DNA, tem demonstrado aumentar a potência da vacina, com indução de resposta imune celular e anticorpos mais específicos.[6-8]

Um receio que foi levantado é a possibilidade do DNA usado na vacina se integrar ao DNA humano, no entanto, isso não tem sido observado. Nas vacinas baseadas em RNA mensageiro esta possibilidade também não existe, pois RNA não se integra ao DNA celular. Apesar disso, o RNA é significativamente menos estável, requerendo abordagens de estabilização da molécula para seu uso como vacina. Em pacientes com câncer, tem sido demonstrado que o uso deste modelo de vacina tem atividade antitumoral.[4,9,10] Em modelos animais, já foi demonstrada sua eficiência em inibir a infecção pelo vírus da influenza. Aliás, uma vacina para influenza sintética apresentaria vantagens sobre os modelos atuais. Uma delas, é que estas vacinas poderiam basear-se em sequências que codifiquem para regiões de proteínas com poucas variações, o que poderia diminuir a necessidade de constantes atualizações. Além disso, a tecnologia de produção é extremamente rápida, e vacinas sintéticas poderiam ser muito mais rapidamente produzidas, no caso de um vírus da influenza pandêmico surgir.

4. Vacinas terapêuticas

As vacinas terapêuticas são uma grande promessa para o futuro, especialmente para o tratamento do câncer. Como vimos, há atualmente uma vacina licenciada para o tratamento do câncer de próstata. Há uma grande expectativa dos benefícios dessas vacinas, especialmente para os pacientes que apresentam tumores que respondem pouco a terapia farmacológica usual.

Os limitados resultados em testes com as vacinas terapêuticas para o tratamento do câncer até o momento ocorrem por certas características que tornam o câncer uma doença difícil de ser tratada pela perspectiva imunológica. Uma dessas características é que tumores produzem diversas substâncias mediadoras, que suprimem a resposta imune no tumor e nas regiões periféricas a ele. Além disso, células tumorais são derivadas das próprias células do organismo e o sistema imune é adaptado a reconhecer antígenos não próprios, dificultando a percepção destas células como potenciais alvos para o "ataque" imunológico. As vacinas terapêuticas têm que superar esses obstáculos para conseguirem oferecer um tratamento eficiente contra a doença.[9,10]

Apesar de muita expectativa para o futuro, as vacinas terapêuticas começaram a ser estudadas e testadas há muito tempo. Em 1891, um médico chamado William Coley testou os efeitos da injeção intra tumoral das bactérias *Streptococcus pyogenes* e *Serratia marcescens*.[12,13] A ideia surgiu da observação de pacientes com sarcoma e que tiveram remissão do tumor (regressão da doença) ao apresentarem erisipela (uma infecção cutânea causada por bactérias). Apesar dos bons resultados obtidos neste estudo, a comunidade científica os recebeu com ceticismo. Atualmente, sabe-se que os princípios de Coley estavam corretos, inclusive a bactéria utilizada na vacina BCG sendo usada em alguns casos no tratamento do câncer de bexiga.[10] Apesar de muito estudo na área, o desenvolvimento de vacinas terapêuticas para o câncer têm se mostrado desafiador.

As vacinas terapêuticas baseadas no transplante autólogo de células tumorais foi uma das primeiras abordagens de vacinas terapêuticas tentadas para o câncer. Consiste na remoção de células tumorais do paciente, seguida da inativação dessas células (geralmente por irradiação) e, a seguir, pela reintrodução dessas células no paciente do qual elas foram retiradas, geralmente em associação com algum adjuvante. Este modelo já foi testado para diversos tipos de câncer, como de pulmão, colo retal, de próstata, de rins, assim como em melanomas. Além disso, uma possibilidade é modificar as células tumorais para produzirem citocinas que ativem a resposta imune antitumoral. A grande desvantagem desse modelo, é que é necessário certa quantidade de células do tumor, o que limita esta técnica para uso em cânceres com certo grau de desenvolvimento.[4,9,10]

Outra possibilidade é se utilizar vacinas terapêuticas de células tumorais estabelecidas em cultura (cultivadas *in vitro*). Elas não são exatamente as mesmas células que o paciente apresenta, mas isso elimina a limitação da quantidade de células tumorais disponíveis, e poderiam ser utilizadas em escala maior, sendo também muito mais baratas. Uma vacina para melanoma, baseada nesta tecnologia, foi testada na década de 1990 com resultados iniciais promissores,[14] mas a falha em alguns testes acabou dando descontinuidade ao projeto.[15] O mesmo ocorreu para uma candidata à vacina para o câncer de próstata.[16,17]

Vacinas baseadas em antígenos tumorais podem, futuramente, virem a ser utilizadas como uma forma de tratar o câncer, consistindo, basicamente, em utilizar o antígeno associado a adjuvantes para estimular a resposta antitumoral. Já tem sido feitos testes clínicos para este tipo de vacina, para o tratamento de câncer colo retal e de pâncreas. Outra possibilidade seria utilizar a tecnologia da vacina de DNA, onde o indivíduo vacinado iria expressar no próprio organismo os antígenos que estimulariam a resposta contra o tumor. Estudos em camundongos com esse modelo de vacina têm mostrado sucesso. Vacinas baseadas em vetores virais também já têm sido testadas com o mesmo objetivo.[4,9,10]

Outra estratégia que tem sido vislumbrada para as vacinas terapêuticas para o câncer é o uso de chaperonas. Quando as proteínas são produzidas nas células, é necessário que elas passem por um "controle de qualidade". Imagine uma máquina ou um funcionário, em uma linha de produção de uma fábrica que verifica se cada produto está corretamente produzido. Imaginou? Pois então, há um sistema bastante similar para o controle de qualidade na produção das proteínas nas nossas células. Esse controle é realizado por uma classe de proteínas denominadas chaperonas. As chaperonas controlam se as proteínas estão em sua conformação (enovelamento) correta, visto que o enovelamento incorreto de proteínas pode causar doenças. Além disso, já foi observado que algumas das chaperonas são capazes de integrar o sistema imune inato ao sistema imune adaptativo. Essa integração seria baseada na capacidade das chaperonas de levarem as proteínas para as células apresentadoras de antígeno, e, portanto, dispararem a resposta imune adaptativa.[1,10] O estímulo da resposta imune por essas proteínas já tem sido demonstrado contra alguns tipos de câncer, como fibrosarcomas, melanomas, câncer de cólon, linfomas e câncer de próstata. A purificação de chaperonas de células malignas (de câncer) também purifica peptídeos (pedaços de proteínas) que vêm associados às chaperonas e derivam das células malignas de origem. Já há modelos que produzem esse sistema totalmente *in vitro*, não necessitando o transplante autólogo, o que facilita a produção e utilização em larga escala. Portanto, o uso dessas chaperonas poderá futuramente vir a ser um recurso terapêutico, para o combate aos diferentes tipos de câncer.[10]

As vacinas terapêuticas poderão um dia estar disponíveis para outra classe de doenças: as degenerativas. A doença de Alzheimer é o principal expoente desses tipos de doença, afetando milhões de pessoas no mundo. Esta doença é causada pela formação de agregados proteicos que se depositam no cérebro e levam a um quadro de demência progressiva. Vacinas podem ser destinadas contra essas proteínas, em estágios mais precoces da doença, quando os danos ainda não são tão graves, ou quem sabe até preventivamente. Estudos em camundongos já demonstraram a produção de anticorpos contra essas proteínas, o que consolida a esperança de um dia existir uma vacina contra a doença.[18] Testes clínicos em humanos também observaram a produção de anticorpos.[19] Baseado neste princípio, outras doenças causadas por alterações na conformação ou agregação de proteínas também poderão vir a ser alvo de vacinas terapêuticas.

A única vacina terapêutica disponível atualmente (para o câncer de próstata), se baseia na transferência de células apresentadoras de antígeno (especialmente células dendríticas) retiradas do paciente, estimuladas *in vitro* contra um antígeno tumoral e reintroduzidas no paciente. A vacina atual possui discreto efeito antitumoral e, portanto, melhorias são necessárias para esse modelo, que também poderá vir a ser aplicado em outros tipos de câncer.

5. Comi, logo estou vacinado?

Um formato que revolucionaria completamente a aplicabilidade e abrangência da vacinação seria a possibilidade de se imunizar as pessoas, utilizando alimentos. Isto facilitaria a imunização em massa, iria baratear o processo, e eliminaria o uso doloroso das vacinas injetáveis. A ideia existe, no entanto, os obstáculos a serem ultrapassados para se tornar essa possibilidade viável não são desprezíveis.

Para um alimento possuir a capacidade de imunizar uma pessoa, ele deve expressar o antígeno (uma proteína de um patógeno), portanto, estaríamos falando de alimentos geneticamente modificados (transgênicos). O primeiro problema neste caso seria o da rejeição da população a este tipo de alimento, no entanto, os alimentos geneticamente modificados já são uma realidade. Eles são produzidos, por exemplo, com o objetivo de resistirem às pragas que afetam o cultivo. O antígeno de interesse deverá ser expresso no alimento em uma quantidade que permita a imunização e, além disso, deverá ser capaz de imunizar pela via oral, resistindo aos processos da digestão. Também deverá ser estável para que não degrade no alimento e deve ser produzido em alimentos que são consumidos preferivelmente crus. Caso seja produzido em alimentos que são cozidos (como arroz e batatas), deve ser estável o suficiente para suportar as altas temperaturas do processo de cozimento, o que colocaria mais um obstáculo à produção deste tipo de alimento. Além disso, deveria preferencialmente ser produzido em alimentos que são comumente consumidos pelas pessoas, o que facilitaria o uso e aceitação.

Uma série de trabalhos já obteve sucesso na expressão de genes de diferentes patógenos, como os da hepatite B[20] e cólera.[21] Alimentos como o tomate, alface e banana estão entre os utilizados. Em testes pré-clínicos (em animais) já se observou que o consumo do alimento pode levar a produção de anticorpos contra o antígeno expresso. Vários alimentos já foram utilizados para diversos patógenos (cólera, hepatite B, C e E, rotavírus sarampo, HIV, SARS, vírus Norwalk entre outros).[22] A produção de anticorpos, após a ingestão destes alimentos, também já foi observada em testes com humanos, como por exemplo, no consumo de batatas que expressavam a forma inativa da toxina da *E.coli*.[23] Produção de anticorpos contra o vírus Norwalk (causador de gastroenterite) já foi observada, tanto em camundongos[24] quanto em humanos[25] que foram alimentados com batatas que expressavam o antígeno contra este vírus. A imunização para hepatite B também já foi obtida em humanos que consumiram batatas que expressavam um antígeno do vírus.[26]

Estes tipos de alimentos poderiam, por exemplo, vir a ser muito importantes em áreas pobres (com carência nutricional) e que sofram com doenças. Os alimentos possuiriam uma dupla função e com baixo custo, e um plano de imunização global seria muito mais fácil de ser obtido.

6. Um futuro cheio de possibilidades

Este tópico é bastante especulativo, pois não há como prever o que irá acontecer. O futuro das vacinas será baseado no desenvolvimento cada vez mais racional das mesmas. Teremos cada vez mais vacinas desenhadas especificamente contra partes de um patógeno, ou de uma proteína de uma doença degenerativa ou de um tumor. A segurança também falará cada vez mais alto, com uma tolerância cada vez menor às reações adversas. Possivelmente isso poderá levar a uma procura progressivamente menor ao desenvolvimento de vacinas baseadas em vírus atenuados e inteiros inativados, e ao progressivo abandono das vacinas existentes baseadas nesse modelo. Veremos cada vez mais doenças sendo prevenidas por vacinas, e, além disso, para as doenças que já possuem vacinas, melhorias provavelmente estão por vir..

Vacinas cada vez mais específicas limitarão progressivamente os efeitos colaterais, e diminuirão a probabilidade de que anticorpos induzidos pela vacina causem alterações autoimunes. As vacinas terapêuticas avançarão, e poderão vir a ser uma poderosa arma contra o câncer e as doenças degenerativas, muitas delas intratáveis atualmente. Combinações poderão ser feitas, e com uma ou poucas doses um indivíduo poderá ser protegido contra diversas doenças. Talvez chegue o dia que, ao nascer, um indivíduo receba vacinas para doenças na qual seja particularmente suscetível. Isso poderá ser avaliado, através de análise de seu DNA. Esta possibilidade pode permitir futuramente um repertório individual de imunizações, de acordo com as características do indivíduo. No caso de doenças crônicas que não são causadas por algum patógeno, como as doenças degenerativas e cânceres, é possível que algum dia tenhamos vacinas capazes de preveni-las, e quase certamente serão cada vez mais utilizadas na terapêutica.

As vacinas (mas não somente elas) melhorarão cada vez mais a qualidade de vida das pessoas. Doenças serão cada vez mais controláveis, e novas erradicações globais poderão vir. Se um passado glorioso foi conquistado com um conhecimento infinitamente menor e com técnicas muito mais rústicas, o futuro, com a utilização de técnicas cada vez mais refinadas nos aguarda com resultados muito melhores. Talvez chegue um dia, em que absolutamente todas as doenças infecciosas que conhecemos atualmente sejam passíveis de serem prevenidas por imunização, e no caso de uma nova doença emergir, todo um arsenal tecnológico estará disponível para que, rapidamente, se desenvolva uma vacina. Talvez, muitos dos problemas recorrentes da sociedade moderna, se quer irão existir futuramente, pois as vacinas serão o seu algoz, assim como no passado a vacina foi o algoz da varíola.

Referências

Capítulo I

1. FENNER, F. et al. Smallpox and its eradication. **Geneva: WHO**, 1987.

2. RIEDEL, Stefan. Edward Jenner and the history of smallpox and vaccination. In: **Baylor University Medical Center. Proceedings**. Baylor University Medical Center, 2005. p. 21.

3. EYLER, John M. Smallpox in history: the birth, death, and impact of a dread disease. **Journal of Laboratory and Clinical Medicine**, v. 142, n. 4, p. 216-220, 2003.

4. BABKIN, Igor V.; BABKINA, Irina N. The origin of the variola virus. **Viruses**, v. 7, n. 3, p. 1100-1112, 2015.

5. LI, Yu et al. On the origin of smallpox: correlating variola phylogenics with historical smallpox records. **Proceedings of the National Academy of Sciences**, v. 104, n. 40, p. 15787-15792, 2007.

6. TAYLOR, Milton W. **Viruses and man: a history of interactions**. Springer, 2014.

7. BLACK, Francis L. An explanation of high death rates among New World peoples when in contact with Old World diseases. **Perspectives in Biology and Medicine**, v. 37, n. 2, p. 292-307, 1994.

8. HAMMARSTEN, J. F.; TATTERSALL, William; HAMMARSTEN, J. E. Who discovered smallpox vaccination? Edward Jenner or Benjamin Jesty?. **Transactions of the American Clinical and Climatological Association**, v. 90, p. 44, 1979.

9. RUSNOCK, Andrea. Catching cowpox: the early spread of smallpox vaccination, 1798–1810. **Bulletin of the History of Medicine**, v. 83, n. 1, p. 17-36, 2009.

10. PEAD, Patrick J. Benjamin Jesty: new light in the dawn of vaccination. **The Lancet**, v. 362, n. 9401, p. 2104-2109, 2003.

11. The horrifying story of the last death by smallpox. Disponível em:http://io9.gizmodo.com/the-horrifying-story-of-the-last-death-by-smallpox-1161664590.

12. WORLD HEALTH ORGANIZATION. **The global eradication of smallpox. Final Report of the Global Commission for the Certification of Smallpox Eradication**. Geneva, Switzerland., 1980.

13. CDC Media Statement on Newly Discovered Smallpox Specimens. Disponível em: https://www.cdc.gov/media/releases/2014/s0708-NIH.html

14. Six vials of smallpox discovered in U.S. lab. Disponível em:http://www.sciencemag.org/news/2014/07/six-vials-smallpox-discovered-us-lab

15. HENDERSON, Donald A. et al. Smallpox as a biological weapon: medical and public health management. **Jama**, v. 281, n. 22, p. 2127-2137, 1999.]

16. Could Smallpox return from the grave? Deadly disease is a risk again after permafrost thaws near Russian village where victims were buried, warn scientists. Disponível em:http://www.dailymail.co.uk/news/article-3741091/Could-SMALLPOX-return-grave-Deadly-disease-risk-permafrost-thaws-near-Russian-village-victims-buried-warn-scientists.html

17. The return of Smallpox. Experts fear deadly disease could once again devastate the planet thanks to ancient graves bursting open as a result of melting artic ice. Disponível em:https://www.thesun.co.uk/news/1615717/experts-fear-deadly-

disease-could-once-again-devastate-the-planet-thanks-to-ancient-graves-bursting-open-as-a-result-of-melting-arctic-ice/.

18. Smallpox could return years after eradication. Disponível em:https://www.forbes.com/sites/brucelee/2016/08/28/smallpox-could-return-years-after-eradication/2/#2df6eb25680d.

Textos relacionados

WHITE, Park J.; SHACKELFORD, Penelope G. Edward Jenner, MD, and the scourge that was. **American Journal of Diseases of Children**, v. 137, n. 9, p. 864-869, 1983.

BELONGIA, Edward A.; NALEWAY, Allison L. Smallpox vaccine: the good, the bad, and the ugly. **Clinical medicine & research**, v. 1, n. 2, p. 87-92, 2003.

http://www.historyofvaccines.org

Capítulo II

1. TAYLOR, Milton W. **Viruses and man: a history of interactions**. Springer, 2014.

2. WAINWRIGHT, Milton; LEDERBERG, Joshua; LEDERBERG, J. History of micr obiology. **Encyclopedia of microbiology**, v. 2, p. 419-437, 1992.

3. GREENBERG, Steven. A concise history of immunology.

4. BRACK, Andri. **The molecular origins of life: assembling pieces of the puzzle.** Cambridge University Press, 1998.

5. WESSNER, David. Discovery of the giant Mimivirus. Disponível em:http://www.n ature.com/scitable/topicpage/discovery-of-the-giant-mimivirus-14402410

6. PHILIPPE Nadège et al. Pandoraviruses: amoeba viruses with genomes up to 2.5 Mb reaching that of parasitic eukaryotes. **Science**, v. 341, n. 6143, p. 281-28.

7. YONG, Ed. Giant virus resurrected from 30,000-year-old ice. Disponível em:http: //www.nature.com/news/giant-virus-resurrected-from-30-000-year-old-ice-1.1480#b1

8. MERRY, Youle; GEMMA, Reguera. The most abundant small things considered. Disponível em: http://schaechter.asmblog.org/schaechter/2015/02/the-most-abundant-small-thin gs-considered.html

9. The largest bacterium: scientist discovers new bacterial life form off the African coast. Disponível em: https://web.archive.org/web/20100120043846/http://www.mpg.de/english/illustrationsDocumentation/documentation/pressReleases/1999/news17_99.htm.

10. MONTGOMERY, W.; POLLAK, PEGGY E. Epulopiscium fishelsoni ng, n. sp., a protist of uncertain taxonomic affinities from the gut of an herbivorous reef fish. **Journal of Eukaryotic Microbiology**, v. 35, n. 4, p. 565-569, 1988.

11. MONTGOMERY, W.; POLLAK, PEGGY E. Epulopiscium fishelsoni ng, n. sp., a protist of uncertain taxonomic affinities from the gut of an herbivorous reef fish. **Journal of Eukaryotic Microbiology**, v. 35, n. 4, p. 565-569, 1988.

12. BERCHE, P. Louis Pasteur, from crystals of life to vaccination. **Clinical Microbiology and infection,** v.18, n. s5, p. 1-6, 2012.

13. SMITH, Kendall A. Louis pasteur, the father of immunology?. **Frontiers in immunology,** v. 3, p. 68, 2012.

14. THÉODORIDÈS, Jean. Casimir Davaine (1812–1882): a precursor of Pasteur. **Medical history,** v. 10, n. 02, p. 155-165, 1966.

15. HARDY, Jay. Agar and the question to isolate pure cultures. Fanny Hesse´s invention that changed microbiology forever. Disponível em:http://www.mmc.gov.bd/downloadable%20file/Agar-and-Fanny-0001Hesse01

16. DUFOUR, Héloïse D.; CARROLL, Sean B. History: Great myths die hard. **Nature,** v. 502, n. 7469, p. 32-33, 2013.

17. BAICUS, Andas. History of polio vaccination. **World Journal of Virology,** v.4, p. 108-114, 2012.

18. Polio – Diseases and the vaccines that prevent them. Disponível em:https: //www.cdc.gov/vaccines/parents/diseases/child/polio-indepth-color.pdf.

19. Polio Global eradication initiative. Disponível em:http://polioeradication.org/

20. Global Tuberculosis Report 2016. Disponível em:http://apps.who.int/iris/bitstre am/10665/250441/1/9789241565394-eng.pdf?ua=1

21. The top 10 causes of death. Disponível em:http://www.who.int/mediacentre/factsheets/fs310/en/

22. LUCA Simona; MIHAESCU, Traian. History of BCG vaccine. **Maedica (Buchar)**, v. 8, n. 1, p. 53-58, 2013.

23. Yellow fever – Centers of Disease Control and Prevantion. Disponível em:https://www.cdc.gov/yellowfever/.

24. Yellow Fever – World Health Organization. Disponível em:http://www.who.int/mediacentre/factsheets/fs100/en/.

25. NEWMAN, Laura. Maurice Hilleman. **BMJ: British Medical Journal**, v. 330, n. 7498, p. 1028, 2005.

Capítulo III

1. Vaccine Types. Disponível em:https://www.niaid.nih.gov/research/vaccine-types

2. Different Types of Vaccines. Disponível em: http://www.historyofvaccines.org/content/articles/different-types-vaccines.

3. MARSHALL, Gary S. (4ª Ed.). **The vaccine handbook: a practical guide for clinicians.** Immunization action coalition, 2012.

4. TAYLOR, Milton W. **Viruses and man: a history of interactions**. Springer, 2014.

5. LUCA Simona; MIHAESCU, Traian. History of BCG vaccine. **Maedica (Buchar)**, v. 8, n. 1, p. 53-58, 2013.

6. SMITH, Kendall A. Louis pasteur, the father of immunology? **Frontiers in immunology**, v. 3, p. 68, 2012.

7. Bula Dengvaxia. Disponível em: http://www.sanofipasteur.com.br/sites/www.sanofipasteur.com.br/files/sites/default/files/pictures/Dengvaxia_Bula%20Paciente.pdf

8. ANASSI, Enock; NDEFO, Uche Anadu. Sipuleucel-T (provenge) injection: the first immunotherapy agent (vaccine) for hormone-refractory prostate cancer. **Pharmacy and Therapeutics**, v. 36, n. 4, p. 197, 2011.

9. PILLAI, Shiv; ABBAS, Abul K.; LICHTMAN, Andrew HH. **Imunologia celular e molecular**. Elsevier Brasil, 2015.

10. Herd Immunity. Disponível em: http://www.historyofvaccines.org/content/herd-immunity-0

11. JOHN, T. Jacob; SAMUEL, Reuben. Herd immunity and herd effect: new insights and definitions. **European journal of epidemiology**, v. 16, n. 7, p. 601-606, 2000.

12. CASTRODEZA, Carlos. Non-progressive evolution, the Red Queen hypothesis, and the balance of nature. **Acta biotheoretica**, v. 28, n. 1, p. 11-18, 1979.

13. CLAY, Keith; KOVER, Paula X. The Red Queen hypothesis and plant/pathogen interactions. **Annual review of phytopathology**, v. 34, n. 1, p. 29-50, 1996.

14. ALTFELD, Marcus; GALE JR, Michael. Innate immunity against HIV-1 infection. **Nature immunology**, v. 16, n. 6, p. 554-562, 2015.

15. PANCINO, Gianfranco et al. Natural resistance to HIV infection: lessons learned from HIV-exposed uninfected individuals. **Journal of Infectious Diseases**, v. 202, n. Supplement 3, p. S345-S350, 2010.

16. KERR, Peter J.; BEST, S. M. Myxoma virus in rabbits. **Revue scientifique et technique (International Office of Epizootics)**, v. 17, n. 1, p. 256-268, 1998.

17. KWIATKOWSKI, Dominic P. How malaria has affected the human genome an d what human genetics can teach us about malaria. **The American Journal of Human Genetics**, v. 77, n.2, p. 171-192, 2005.

18. HEDRICK, P. W. Population genetics of malaria resistance in humans. **Here dity**, v. 107, n. 4, p. 283-304, 2011.

19. WEATHERALL, D. J. Genetic variation and susceptibility to infection: the red cell and malaria. **British journal of haematology**, v. 141, n. 3, p. 276-286, 2008.

20. World Health Organization. Influenza (seasonal) fact sheet. Disponível em: http://www.who.int/mediacentre/factsheets/fs211/en

21. World Health Organization. Cumulative number of confirmed cases for avian influ enza A(H5N1) reported to WHO, 2003-2017.

22. POOVORAWAN, Yong et al. Global alert to avian influenza virus infection: from H5N1 to H7N9. **Pathogens and global health**, v. 107, n. 5, p. 217-223, 2013.

23. How the flu virus can change:"Drift and shift". Disponível em:https://www.cdc.gov/flu/about/viruses/change.htm.

24. LLOYD, Sarah B.; KENT, Stephen J.; WINNALL, Wendy R. The high cost of fidelity. **AIDS research and human retroviruses**, v. 30, n. 1, p. 8-16, 2014.

25. SCHIFFNER, Torben; SATTENTAU, Quentin J.; DORRELL, Lucy. Development of prophylactic vaccines against HIV-1. **Retrovirology**, v. 10, n. 1, p. 72, 2013.

26. ALCHIN, David Rhys. HIV vaccine development: an exploratory review of the tr ials and tribulations. **Immunologic research**, v. 60, n. 1, p. 35-37, 2014.

27. BRUEL, Timothée et al. Elimination of HIV-1-infected cells by broadly neutralizing antibodies. **Nature communication s**, v. 7, 2016.

28. World malaria report 2016 – World Health Organization.

29. FOQUET, Lander et al. Vaccine-induced monoclonal antibodies targeting circumsporozoite protein prevent Plasmodium falciparum infection. **The Journ al of clinical investigation**, v. 124, n.1, p. 140-144, 2014.

30. DOOLAN, Denise L.; DOBAÑO, Carlota; BAIRD, J. Kevin. Acquired immunity to malaria. **Clinical microbiology reviews**, v. 22, n. 1, p. 13-36, 2009.

31. KIM, Jin Hyang et al. Original antigenic sin responses to influenza viruses. **The Journal of Immunology**, v. 183, n. 5, p. 3294-3301, 2009.

32. KIM Jin Hyang et al. Strategies to alleviate original antigenic sin responses to influenza viruses. **Proceedings of the National Academy of Sciences,** v. 109, n. 34, p. 13751-13756, 2012.

33. DAVENPORT, Fred M. et al. Epidemiologic and immunologic significance of age distribution of antibody to antigenic variants of influenza virus. **Journal of Experimental Medicine**, v. 98, n. 6, p. 641-656, 1953.

34. COUCH, Robert B. et al. Efficacy of purified influenza subunit vaccines and relation to the major antigenic determinants on the hemagglutinin molecule. **Journal of Infectious Diseases**, v. 140, n. 4, p. 553-559, 1979.

35. KHURANA, Surender et al. Vaccine-induced anti-HA2 antibodies promote virus fusion and enhance influenza virus respiratory disease. **Science translational medicine**, v. 5, n. 200, p. 200ra114-200ra114, 2013.

36. ROTHMAN, Alan L. Immunity to dengue virus: a tale of original antigenic sin and tropical cytokine storms. **Nature reviews Immunology**, v. 11, n. 8, p. 532-543, 2011.

37. ZOMPI, Simona; HARRIS, Eva. Original antigenic sin in dengue revisited. **Proceedings of the National Academy of Sciences**, v. 110, n. 22, p. 8761-8762, 2013.

38. DEJNIRATTISAI, Wanwisa et al. Dengue virus sero-cross-reactivity drives antibody-dependent enhancement of infection with zika virus. **Nature immuno logy**, 2016.

39. KAWIECKI, Anna B.; CHRISTOFFERSON, Rebecca C. Zika Virus–Induced Antibody Response Enhances Dengue Virus Serotype 2 Replication In Vitro. **Journal of Infec tious Diseases**, v. 214, n. 9, p. 1357-1360, 2016.

40. CAPEDING, Maria Rosario et al. Clinical efficacy and safety of a novel tetravalelent dengue vaccine in healthy children in Asia: a phase 3, randomised, observ er-masked, placebo-controlled trial. **The Lancet**, v. 384, n. 9951, p. 1358-1365, 2014.

41. VILLAR, Luis et al. Efficacy of a tetravalent dengue vaccine in children in Latin America. **New England Journal of Medicine**, v. 372, n. 2, p. 113-123, 2015.

42. FERGUSON, Neil M. et al. Benefits and risks of the Sanofi-Pasteur dengue vaccine: Modeling optimal deployment. **Science**, v. 353, n. 6303, p. 1033-1036, 2016.

43. HADINEGORO, Sri Rezeki et al. Efficacy and long-term safety of a dengue vaccine in regions of endemic disease. **New England Journal of Medicine**, v. 373, , n. 13, p. 1195-1206, 2015.

Capítulo IV

1. Vaccine Adverse Event Reporting System. Disponível em:https://vaers.hhs.gov/index

2. SIMONSEN, L. et al. More on RotaShield and intussusception: the role of age at the time of vaccination. **Journal of Infectious Diseases**, v. 192, n. Supplement 1, p. S36-S43, 2005.

3. D'ONOFRIO, Alberto; MANFREDI, Piero; POLETTI, Piero. The impact of vaccine side effects on the natural history of immunization programmes: an imitation-game approach. **Journal of Theoretical Biology**, v. 273, n. 1, p. 63-71, 2011.

4. FREEMAN, TOM R.; BASS, MARTIN J. Determinants of maternal tolerance of vaccine-related risks. **Family practice**, v. 9, n. 1, p. 36-41, 1992.

5. RITOV, Ilana; BARON, Jonathan. Reluctance to vaccinate: Omission bias and ambiguity. **Journal of Behavioral Decision Making**, v. 3, n. 4, p. 263-277, 1990

6. CLEMMONS, Nakia S. et al. Measles—United States, January 4–April 2, 2015. **MMWR Morb Mortal Wkly Rep**, v. 64, n. 14, p. 373-376, 2015.

7. GANGAROSA, Eugene J. et al. Impact of anti-vaccine movements on pertussis control: the untold story. **The Lancet**, v. 351, n. 9099, p. 356-361, 1998.

8. World Health Organization – Vaccines. Disponível em: http://www.who.int/ith/vaccines/en/

9. CDC- Centers for Disease control and Prevention – List of Vaccines used in United States. Disponível em:https://www.cdc.gov/vaccines/vpd/vaccines-list.html.

10. AHMED, Syed Sohail et al. Antibodies to influenza nucleoprotein cross-react with human hypocretin receptor 2. **Science translational medicine**, v. 7, n. 294, p. 294ra105-294ra105, 2015.

11. AHMED, S. Sohail et al. Narcolepsy, 2009 A (H1N1) pandemic influenza, and pandemic influenza vaccinations: what is known and unknown about the neurological disorder, the role for autoimmunity, and vaccine adjuvants. **Journal of autoimmunity**, v. 50, p. 1-11, 2014

12. THEBAULT, Simon et al. Neuronal Antibodies in Children with or without Narcolepsy following H1N1-AS03 Vaccination. **PloS one**, v. 10, n. 6, p. e0129555, 2015.

13. HAN, Fang et al. Narcolepsy onset is seasonal and increased following the 2009 H1N1 pandemic in China. **Annals of neurology**, v. 70, n. 3, p. 410-417, 2011.

14. KANDUC, Darja; SHOENFELD, Yehuda. From HBV to HPV: Designing vaccines for extensive and intensive vaccination campaigns worldwide. **Autoimmunity Reviews**, v. 15, n. 11, p. 1054-1061, 2016.

15. MILLER, Elaine R. et al. Deaths following vaccination: what does the evidence show?. **Vaccine**, v. 33, n. 29, p. 3288-3292, 2015.

16. LUSI, Elena Angela; GUARASCIO, Paolo. Vaccine-derived poliomyelitis and postpolio syndrome: an Italian Cutter Incident. **JRSM open**, v. 5, n. 1, p. 2042533313511241, 2014.

17. SHAH, Keerti V. SV40 and human cancer: a review of recent data. **International journal of cancer**, v. 120, n. 2, p. 215-223, 2007.

18. BARBANTI-BRODANO, Giuseppe et al. Simian virus 40 infection in humans and association with human diseases: results and hypotheses. **Virology**, v. 318, n. 1, p. 1-9, 2004.

19. LOWE, D. B. et al. SV40 association with human malignancies and mechanisms of tumor immunity by large tumor antigen. **Cellular and molecular life sciences**, v. 64, n. 7, p. 803-814, 2007.

20. THU, Guri Olsen et al. Is there an association between SV40 contaminated polio vaccine and lymphoproliferative disorders? An age–period–cohort analysis on Norwegian data from 1953 to 1997. **International journal of cancer**, v. 118, n. 8, p. 2035-2039, 2006.

21. SIMONSEN, L. et al. More on RotaShield and intussusception: the role of age at the time of vaccination. **Journal of Infectious Diseases**, v. 192, n. Supplement 1, p. S36-S43, 2005.

22. FITZPATRICK, Michael. The Cutter Incident: How America's First Polio Vaccine Led to a Growing Vaccine Crisis. **Journal of the Royal Society of Medicine**, v. 99, n. 3, p. 156-156, 2006.

23. TAYLOR, Milton W. **Viruses and man: a history of interactions**. Springer, 2014.

24. SCHONBERGER, Lawrence B. et al. Guillain-Barré syndrome following vaccination in the national influenza immunization program, United States, 1976–1977. **American journal of epidemiology**, v. 110, n. 2, p. 105-123, 1979.

25. AKERS, H. F. et al. Bundaberg's Gethsemane: the tragedy of the inoculated children. **Journal of the Royal Historical Society of Queensland**, v. 20, n. 7, p. 261, 2008.

26. DEHOVITZ, Ross E. The 1901 St Louis Incident: The First Modern Medical Disaster. **Pediatrics**, v. 133, n. 6, p. 964-965, 2014.

27. PAGE, William F. et al. Yellow Fever Vaccine-Associated Hepatitis Epidemic During World War II: Follow-up More Than 40 Years Later. 1991.

28. FOX, Gregory J.; ORLOVA, Marianna; SCHURR, Erwin. Tuberculosis in newborns: The lessons of the "Lübeck Disaster"(1929–1933). **PLoS Pathog**, v. 12, n. 1, p. e1005271, 2016.

29. SILVERS, Linda E. et al. The epidemiology of fatalities reported to the Vaccine Adverse Event Reporting System 1990–1997. **Pharmacoepidemiology and drug safety**, v. 10, n. 4, p. 279-285, 2001.

30. MCCARTHY, Natalie L. et al. Mortality rates and cause-of-death patterns in a vaccinated population. **American journal of preventive medicine**, v. 45, n. 1, p. 91-97, 2013.

31. SCHRAUDER, André et al. Varicella vaccination in a child with acute lymphoblastic leukaemia. **The Lancet**, v. 369, n. 9568, p. 1232, 2007.

32. LEUNG, Jessica et al. Fatal varicella due to the vaccine-strain varicella-zoster virus. **Human vaccines & immunotherapeutics**, v. 10, n. 1, p. 146-149, 2014.

33. Center for Disease Control and Prevention. In:ATKINSON, W. et al. **Epidemiology and Prevention of Vaccine-Preventable Diseases**. The Pink Book. 12. Washington DC, Public Health Foundation, 2012.

34. GERSHMAN, M.; STAPLES, JE. Yellow Fever Chapter. In: Brunette, GW., editor. **The Yellow Book. CDC Health Information for International Travel 2014**. US Dept. of Health and Human Services. Centers for Disease Control and Prevention, New York. Oxford University Press, 2014.

35. STREBEL, Peter M. et al. Epidemiology of poliomyelitis in the United States one decade after the last reported case of indigenous wild virus-associated disease. **Clinical infectious diseases**, v. 14, n. 2, p. 568-579, 1992.

36. At least 34 Syrian children die from contaminated measles vaccine. Disponível em:
https://www.theguardian.com/world/2014/sep/17/syrian-children-die-contaminated-measles-vaccine

37. At least 15 children die from bad measles vaccinations in northern Syria. Disponível em: http://edition.cnn.com/2014/09/18/world/meast/syria-measles-vaccination-deaths/

38. BODEWES, Rogier et al. Vaccination against human influenza A/H3N2 virus prevents the induction of heterosubtypic immunity against lethal infection with avian influenza A/H5N1 virus. **Plos one**, v. 4, n. 5, p. e5538, 2009.

39. BODEWES, Rogier et al. Vaccination against seasonal influenza A/H3N2 virus reduces the induction of heterosubtypic immunity against influenza A/H5N1 virus infection in ferrets. **Journal of virology**, v. 85, n. 6, p. 2695-2702, 2011.

40. BODEWES, Rogier et al. Vaccination with whole inactivated virus vaccine affects the induction of heterosubtypic immunity against influenza virus A/H5N1 and immunodominance of virus-specific CD8+ T-cell responses in mice. **Journal of general virology**, v. 91, n. 7, p. 1743-1753, 2010.

41. BODEWES, Rogier et al. Annual vaccination against influenza virus hampers development of virus-specific CD8+ T cell immunity in children. **Journal of virology**, v. 85, n. 22, p. 11995-12000, 2011.

42. HILLAIRE, Marine LB et al. Human T-cells directed to seasonal influenza A virus cross-react with 2009 pandemic influenza A (H1N1) and swine-origin triple-reassortant H3N2 influenza viruses. **Journal of General Virology**, v. 94, n. 3, p. 583-592, 2013.

43. VAN DE SANDT, Carolien E. et al. Human cytotoxic T lymphocytes directed to seasonal influenza A viruses cross-react with the newly emerging H7N9 virus. **Journal of virology**, v. 88, n. 3, p. 1684-1693, 2014.

44. **Artigo retratado:** SABRA, Aderbal; BELLANTI, Joseph A.; COLÓN, Angel R. Ileal-lymphoid-nodular hyperplasia, non-specific

colitis, and pervasive developmental disorder in children. **The Lancet**, v. 352, n. 9123, p. 234-235, 1998.

45. TAYLOR, Brent et al. Autism and measles, mumps, and rubella vaccine: no epidemiological evidence for a causal association. **The Lancet**, v. 353, n. 9169, p. 2026-2029, 1999.

46. DALES, Loring; HAMMER, Sandra Jo; SMITH, Natalie J. Time trends in autism and in MMR immunization coverage in California. **Jama**, v. 285, n. 9, p. 1183-1185, 2001.

47. JAIN, Anjali et al. Autism occurrence by MMR vaccine status among US children with older siblings with and without autism. **Jama**, v. 313, n. 15, p. 1534-1540, 2015.

48. FOMBONNE, Eric; CHAKRABARTI, Suniti. No evidence for a new variant of measles-mumps-rubella–induced autism. **Pediatrics**, v. 108, n. 4, p. e58-e58, 2001.

49. MILLER, Elizabeth. Measles-mumps-rubella vaccine and the development of autism. In: **Seminars in pediatric infectious diseases**. WB Saunders, 2003. p. 199-206.

50. MURCH, Simon H. et al. Retraction of an interpretation. **Lancet (London, England)**, v. 363, n. 9411, p. 750, 2004.

51. RAO, TS Sathyanarayana et al. The MMR vaccine and autism: Sensation, refutation, retraction, and fraud. **Indian journal of psychiatry**, v. 53, n. 2, p. 95, 2011.

52. HORTON, Richard. A statement by the editors of The Lancet. 2004.

53. EGGERTSON, Laura. Lancet retracts 12-year-old article linking autism to MMR vaccines. 2010.

Capítulo V

1. ALBERTS, Bruce et al. **Biologia molecular da célula**. Artmed Editora, 2009.

2. PILLAI, Shiv; ABBAS, Abul K.; LICHTMAN, Andrew HH. **Imunologia celular e molecular**. Elsevier Brasil, 2015.

3. DORMITZER, Philip R.; GRANDI, Guido; RAPPUOLI, Rino. Structural vaccinology starts to deliver. **Nature Reviews Microbiology**, v. 10, n. 12, p. 807-813, 2012.

4. DELANY, Isabel; RAPPUOLI, Rino; DE GREGORIO, Ennio. Vaccines for the 21st century. **EMBO molecular medicine**, v. 6, n. 6, p. 708-720, 2014.

5. SETTE, Alessandro; RAPPUOLI, Rino. Reverse vaccinology: developing vaccines in the era of genomics. **Immunity**, v. 33, n. 4, p. 530-541, 2010.

6. NOSSAL, G. J. V. Vaccines of the future. **Vaccine**, v. 29, p. D111-D115, 2011.

7. DEMIRJIAN, Alicia; LEVY, Ofer. Novel vaccines: bridging research, development and production. **Expert review of vaccines**, v. 7, n. 9, p. 1321-1324, 2008.

8. RAPPUOLI, Rino. Vaccines of the future. **Conference on New Horizons for Vaccine Research and Innovation**. Session on Inovation on Vaccine Design.

9. MELERO, Ignacio et al. Therapeutic vaccines for cancer: an overview of clinical trials. **Nature reviews Clinical oncology**, v. 11, n. 9, p. 509-524, 2014.

10. GUO, Chunqing et al. Therapeutic cancer vaccines: past, present and future. **Advances in cancer research**, v. 119, p. 421, 2013.

11. PETSCH, Benjamin et al. Protective efficacy of in vitro synthesized, specific mRNA vaccines against influenza A virus infection. **Nature biotechnology**, v. 30, n. 12, p. 1210-1216, 2012.

12. COLEY, William Bradley. The treatment of malignant tumours by repeated inoculations of erysipelas with a report of ten original cases. **Am J Med Sci**, v. 105, p. 487, 1893.

13. MCCARTHY, Edward F. The toxins of William B. Coley and the treatment of bone and soft-tissue sarcomas. **The Iowa orthopaedic journal**, v. 26, p. 154, 2006.

14. MORTON, DONALD L. et al. Prolongation of survival in metastatic melanoma after active specific immunotherapy with a new polyvalent melanoma vaccine. **Annals of surgery**, v. 216, n. 4, p. 463, 1992.

15. SONDAK, Vernon K.; SABEL, Michael S.; MULÉ, James J. Allogeneic and autologous melanoma vaccines: where have we been and where are we going?. **Clinical Cancer Research**, v. 12, n. 7, p. 2337s-2341s, 2006.

16. SIMONS, Jonathan W. et al. Phase I/II trial of an allogeneic cellular immunotherapy in hormone-naive prostate cancer. **Clinical Cancer Research**, v. 12, n. 11, p. 3394-3401, 2006.

17. ANTONARAKIS, Emmanuel S.; DRAKE, Charles G. Current status of immunological therapies for prostate cancer. **Current opinion in urology**, v. 20, n. 3, p. 241-246, 2010.

18. DAVTYAN, Hayk et al. Alzheimer's disease AdvaxCpG-adjuvanted MultiTEP-based dual and single vaccines induce high-titer antibodies against various forms of tau and Aβ pathological molecules. **Scientific Reports**, v. 6, 2016.

19. NOVAK, Petr et al. Safety and immunogenicity of the tau vaccine AADvac1 in patients with Alzheimer's disease: a randomised, double-blind, placebo-controlled, phase 1 trial. **The Lancet Neurology**, 2016.

20. KAPUSTA, J. et al. A plant-derived edible vaccine against hepatitis B virus. **The FASEB Journal**, v. 13, n. 13, p. 1796-1799, 1999.

21. ARAKAWA, Takeshi; CHANG, Daniel KX; LANGRIDGE, William HR. Efficacy of a food plant-based oral cholera toxin B subunit vaccine. **Nature biotechnology**, v. 16, p. 292-297, 1998.

22. GÓMEZ, Evangelina; ZOTH, Silvina Chimeno; BERINSTEIN, Analía. Plant-based vaccines for potential human application. **Human vaccines**, v. 5, n. 11, p. 738-744, 2009.

23. TACKET, Carol O. et al. Immunogenicity in humans of a recombinant bacterial antigen delivered in a transgenic potato. **Nature medicine**, v. 4, n. 5, p. 607-609, 1998.

24. MASON, Hugh S. et al. Expression of Norwalk virus capsid protein in transgenic tobacco and potato and its oral immunogenicity in mice. **Proceedings of the National Academy of Sciences**, v. 93, n. 11, p. 5335-5340, 1996.

25. TACKET, Carol O. et al. Human immune responses to a novel Norwalk virus vaccine delivered in transgenic potatoes. **Journal of Infectious Diseases**, v. 182, n. 1, p. 302-305, 2000.

26. THANAVALA, Yasmin et al. Immunogenicity in humans of an edible vaccine for hepatitis B. **Proceedings of the National Academy of Sciences of the United States of America**, v. 102, n. 9, p. 3378-3382, 2005.

Textos relacionados

KEY, Suzie; MA, Julian KC; DRAKE, Pascal MW. Genetically modified plants and human health. **Journal of the Royal Society of Medicine**, v. 101, n. 6, p. 290-298, 2008.

MASTROENI, P. et al. Vaccines against gut pathogens. **Gut**, v. 45, n. 5, p. 633-635, 1999.

www.ingramcontent.com/pod-product-compliance
Lightning Source LLC
Chambersburg PA
CBHW020424220526
45464CB00002B/559